U0405869

非凡心力：5大维度重塑自己

田俊国◎著

机械工业出版社

实力不等于简单的能力积累，心力不足有实力也发挥不出来。

现代人的学习、工作和生活中处处有压力，意志力时时要经受考验。

面对充满“不确定”的未来，只具备解决已知问题的能力显然不够，内在丰盈的心力是真正驱动人前行的力量。

本书针对生活与职场痛点提出了梳通卡点、稳定心态、提升效率、减少消耗、打造强大抗压力与意志力的可复制技巧，以帮助读者从容应对种种挑战。

图书在版编目（CIP）数据

非凡心力：5大维度重塑自己 / 田俊国著. —北京：机械工业出版社，2023.8（2024. 10重印）

ISBN 978-7-111-73635-6

Ⅰ. ①非… Ⅱ. ①田… Ⅲ. ①成功心理 – 通俗读物 Ⅳ. ①B848.4–49

中国国家版本馆CIP数据核字（2023）第147798号

机械工业出版社（北京市百万庄大街22号 邮政编码100037）
策划编辑：张潇杰　　责任编辑：张潇杰
责任校对：闫玥红　李　杉　　封面设计：吕凤英
责任印制：郜　敏
三河市宏达印刷有限公司印刷
2024年10月第1版第3次印刷
165mm × 225mm · 14.5 印张 · 1 插页 · 156 千字
标准书号：ISBN 978-7-111-73635-6
定价：68.00 元

电话服务　　网络服务
客服电话：010-88361066　机　工　官　网：www.cmpbook.com
010-88379833　机　工　官　博：weibo.com/cmp1952
010-68326294　金　书　网：www.golden-book.com
封底无防伪标均为盗版　机工教育服务网：www.cmpedu.com

推荐语

老田是国内“熊猫级”的培训导师，用“知识一箩筐”来形容他绝不过分。每次听他的课程，均获益匪浅。心力训练营依然让我受益良多，完整通畅的知识体系不仅串起了我很多的碎知识，也给了我很大的启发。本书的内容的确把国学、精神分析、心理学、脑科学进行了整合，再加上教学设计上的降维，绝不会让读者失望，横向广度和纵向深度都让人赞叹。我更喜欢的是心力训练营每个单元后的社会化学习环节，师生对话、生生对话的场域常常具有“听别人的故事，疗愈自己的人生”的效果。心力欠佳的人绝对值得一学。五星推荐，先知三日，富贵十年。

——管理培训专家、畅销书《流程密码》作者　章义伍

生命是一场逆流而上的追寻。

阻碍人成长和发展的，往往不是能力、智力，而是心力。

田老师搭建出适合中国人的心力模型，帮助每个人提升心力。制心一处，则无事不办。

——生涯规划师、《拆掉思维里的墙》作者　古　典

这是一本为现代人量身定制的心灵成长之书。本书深入浅出地探讨了如何通过五大维度提升自己的心力。作为一名长期关注个人成长的作家，我深感这本书的智慧与实用。

——作家　李尚龙

田校长在业内一直以读书杂、涉猎广、知识架构能力强和内容原创多而为同行所称赞，更让我心生嫉妒的是他的生活状态，平时主要时间用在读书写作上，顺便讲讲课、圈圈粉、收收徒，让人好生羡慕。而我这个俗人，管着大几百号人，经营压力与生存压力如影随形，终日周旋于各色人等，缠身于柴米油盐，难免碰到奇人怪事，被搅得心烦意乱、疲惫不堪，甚至情绪崩溃，久久难平。后来有缘参加田校长第10期的线上"心力训练营"，恰逢在我一天一城的长周期旅程中，但这一次我没有了过往常见的焦虑烦躁，反倒平静地反复听了心力课程的音频。在听的那一刻，它不再是一个课，而更像一面镜子，照见了我自己的过去、现在和未来！那份平静的心流可以用"自觉、自我、自在"来表达。首先是"自觉"，通过"耐受力"和"连接力"对童年的追溯，让我找到了自己性格特点的根源，既成过往不必强求，这让我对自己多了一份接纳和包容，对别人多了一份好奇与理解；其次是"愿力"触发了我对生命终极归宿的探求，指引我重新审视生命的意义，重新定义一个"自我"，思考这一生为何大事而来又为何大事而去；一旦有"愿力"作为心中的太阳，就懂得了取舍也增加了自我管理，少一点纷扰，多一份稳健，也就多了一份"自在"。阳明先生说"心外无物"，田校长以理工男的逻辑理性构建了一个可学、可修、可炼的“心力”模型，让众多如我这般的俗人向内找到“心力”之源，灌溉更为丰盈的人生。致敬田校长！

——博商管理科学研究院院长　曾任伟

“状态不对，努力白费”是田老师说得频次最多的金句。不管是在工作，还是在生活中，高能量的状态都是事半功倍、身心自洽的利器。推动冰山上面知识、技能的改变易，推动冰山下面自我模式、自我性情、内驱力等状态的改变难。而田老师的这本书正是从冰山下，从状态最底层的心力素质去推动您更长久、更彻底地去改变，一变利万变，见自己，见众生，见天地。您因此而变，世界因您而成，因您而美好。

——光大银行研修中心总经理　蒋　欣

“遇见更好的自己”“成为更好的自己”，世间从不缺乏这类美好的愿望。可是如果没有路径，所有这些愿望都如水月镜花，终将成为空洞的口号。田俊国先生积数十年之功，提出了五大维度重塑自己的路径，精妙绝伦，切实可行，为当代人心力的修习提供了一条全新的路径。相信读者会从本书中大获裨益。真正可以创造更好的自己。

——中国心理学会注册督导师、
婚姻与家庭专业委员会委员　李　明

生命就是一场旅行，我们终其一生都在寻找最好的自己。然而，并不是每个人都能够那么幸运。在成长和自我发展的过程中，心力其实起着至关重要的作用，但却因为没有得到足够的认知而往往被忽视。诚如作者在书中指出的那样，“心力是最底层的素质技能，是决定成败和幸福的最关键的能力”。田俊国先生是我钦仰的一位培训专家和人生导师，他的这本新书跟以往的著述一样充满了真知灼见，开卷即让人受益无穷。期待读者能从本书中汲取丰富的营养，修炼非凡心力，遇到最好的自己。

——《培训》联合创始人、培伴 App 主理人　常亚红

目 录

第三章　连接力：在良性关系中成长 / 63

第四章　愿力：走在梦想的路上 / 93

第五章　自控力：夺回生命的主宰权 / 125

第六章　复原力：持续充满活力的秘籍 / 159

第一章

如何遇见更好的自己

众所周知，人和人的效率差距是巨大的。每人每天都从外界摄入若干能量，又用自己独特的方式运用这些能量。**牛人和普通人最根本的区别在于运用能量方式的不同。**决定一个人对能量的分配和运用方式的是心智模式，心智模式可以理解为人的软件系统。**日积月累的心智模式就成为性格和习惯，性格决定命运，习惯造成差异。**《周易》云：善不积不足以成名，恶不积不足以灭身。格拉德威尔在《异类》中指出：成功就是“优势积累”的结果。反之，失败是“劣势积累”的结果。每个人对外部刺激的反应，都能折射出其心智模式，不同的性格和习惯造就不同的人生。**所谓成功不过是能量的持续定投。**

修身对每个人而言都是一辈子的事。我认为**修身的目标就是持续提高个人效能，持续升级自己的思维模式和反应模式，用高效能模式替代低效能模式，从而遇见更好的自己。**苏世民说：做大事和做小事消耗的精力是一样的。做大事的人并不比做小事的人多三头六臂，而是他们对生命能量的运用方式更高效而已。

生命的低效能模式探究

从生命能量运用的角度看，多数人做不到让自己的能量最大限度地服务于自己的人生。有人被别人的几句闲话激得大发雷霆，发飙时的能量运用就是失控的，捅了篓子还要事后花精力弥补；有人磨不开面子，被情感绑架做了很多心不甘情不愿的事情，也是对能量的无谓消耗；青年“佛系”及中年“油腻”的人则被生活磨没了棱角，缺乏精神动力；有人控制不住自己，总是间歇性地踌躇满志，玩起游戏就忘乎所以、不能自已；还有人经受挫折后就一蹶不振，长时间陷入低能量状态难以自拔。所以，表面上看是没绩效，实际上是没能力；表面上看是没能力，实际上是没动力；表面上看是没动力，实际上是没心力。**不管从事什么工作，决定一个人是否成功和幸福的，不是能力，而是心力。**

我们说心力是最底层的素质技能，是决定成功和幸福的最关键能力。心力拓展就是要直面常见的生命能量无谓消耗的问题，尤其是无意识暗耗能量的问题，并提出解决方案。本书以及我的线上“心力拓展训练营”着重解决五类问题：

- 在压力下，脾气很大，动辄发无名火，明知道发飙伤人伤己却控制不住，一再重复……
- 在社交中有很强的孤独感，不是太过自负拒人于千里之外，就是怯懦自卑羞于与人连接，内心深处常常感觉自己被困在一座“孤岛”上……

- 青年“佛系”或中年“油腻”，得过且过，没有大的追求，偶尔内心呐喊：“再也不能这样过了！”但行为上却难以做出改变……

- 身心不一，不能自已。想干大事却感觉力不从心，沉溺游戏中又不能自拔……

- 过度消耗，难以为继，还没有从上次的挫折中站起来，又不得不面对更大的挑战，陷入恶性循环……

耐受力：内在“狗熊”炸毛了怎么办？

耐受力要解决的是如何跟我们身上的动物性部分打交道的问题。每个人都有动物性的防御本能，这种本能会被突如其来的刺激所激发，激活“战斗—逃跑”反应模式，身体宣告戒严。在这种应激状态下，体内迅速释放甲状腺素、肾上腺素、皮质醇等激素，关闭理性思考、社会连接等机能，甚至影响消化系统、免疫系统等。这一系列的反应甚至是在你毫无觉察的情况下无意识启动的，当你意识到自己正在发火的时候已经晚了，也就是情绪失控。

不同人的引爆方式和引爆点不一样。比如有的女士见到毛毛虫就歇斯底里。理性地想想，这么小的动物能造成什么伤害？犯得着大呼小叫吗？其实可能是因为毛毛虫这个刺激物把她带回到童年那段类似的被毛毛虫吓到的情境中，瞬间就激活了当时的防御状态。儿时形成的无意识反应模式一旦取得大脑的控制权，后天有意识学习的知识和能力都很难发挥作用。

我有一个学生是某公司的业务骨干，因为表现突出被提拔为部门经理。升职后他却和个别下属闹得势不两立，矛盾很快升级，整个部门人心惶惶。他自己也心力交瘁，打算向领导提交辞呈，再回到专业技术岗位，却又不甘心。他就找到我，我在与他的谈话中意识到他很容易被某类人激怒，应该有过敏源。我想搞清楚引发他大怒的根本原因，就问他："那个跟你唱对台戏的下属究竟有什么出格的行为引发了你的激烈反应？"他说："我眼里就容不下这种人，工作不肯努力，随便应付，分配奖金的时候却又斤斤计较，挖空心思占小便宜。"

我问了一下具体细节，感觉他的下属也没有出格到哪里去。显然是他过度反应。他对好逸恶劳、爱占小便宜的行为特别敏感。于是我就跟他一起追溯了他讨厌这类人的过敏源，即他对此类行为特别反感的最早事件。

在我的引导下，他说："小时候，家里的亲戚经常来我家蹭吃蹭喝，还连吃带拿。每每家里遭到叔叔姑姑或是舅舅姨姨的'打劫'之后，爸爸妈妈就要为此吵架，相互抱怨对方的弟弟妹妹不思进取。小家庭经常因此乱作一团。"因此他对好吃懒做、不思进取又爱占小便宜的人深恶痛绝，觉得是这种人侵占了他父母的劳动所得，剥夺了他童年的幸福。

难怪他当了领导之后自然对这种不思进取又爱贪便宜的下属没有好感。他的敏感源来自他儿时的经历。当我把他的过激反应和他在原生家庭的成长经历关联起来时，他有点吃惊。找到这种非理性的关联，就找到了这种情结的成因。我说："你必须感谢你的领导给你安排了这么好的一个职位，让你有机会在工作岗位上升级你的反应模式和人际模式，疗愈小时候的创伤。你非但不应该怨你的下属，反倒应该感谢他来帮你发现和修正自己的过度反应模式。你要珍惜这位同事，他才是你修身的稀缺资源。"

他说："你讲的道理我都懂，可我就是不想把精力消耗在跟这些人打交道上，有那时间能干很多正事。"

我说："修身的目的是把自己打磨成器，做业务专家只是打磨这个器的一个面，做好管理者则是打磨另外一面，不同的面有不同的打磨方式。管理者就是靠整合团队成员能力和智慧来创造绩效的人，人际交往能力是管理者最重要的基础能力。做管理者就要打磨人际交往能力。人际交往能力提升了，事业才能上一个大台阶。"

用今天的智慧重新审视当年的创伤情境，有意识地升级原来低版本的反应模式，我们的耐受力才能提升。通过大量的事后复盘和临事省察练习，用新的反应模式替代原有的反应模式。**提升耐受力就可以及时地把生命能量的控制权从"即将炸毛的狗熊"手中夺回来**，重新用更高级的方式支配能量，就好比补上漏水的桶底，让生命能量不再被无谓消耗。

连接力：在关系中被纠缠了怎么办？

连接力要面对的是如何与人打交道的问题。我们有很多能量是在人际关系中消耗掉的，很多人陷入能量纠缠的关系中，双方都在消耗能量，最终都焦头烂额。

有位女学员问我：“老师，我儿子进入青春期后，一下子长成一米八的大小伙子，我突然感觉自己不会跟他相处了。”

我凭直觉问她：“你跟你老公相处怎么样？”

她说：“我老公常年在外工作，虽然我们聚少离多，感觉相处得还可以。”

我接着问：“那你和你父亲相处得怎么样？”她的眼圈一下子就红了，说：“一言难尽，从小就跟父亲合不来。”

…………

了解完背景，我说：“我判断，你在单位也很难与男性领导和同事相处。”

她说：“你是怎么知道的？我在单位都是凭实力工作，与他们一直保持较远的距离。”

我说：“小时候没有被正确爱过，长大了也不会正确地爱别人。”

小时候对某种爱的缺失，会演变成成年后与人连接的障碍。一个人人际能力的水平可以追溯到其在原生家庭中的成长过程。早期在与父母互动中形成的依恋模式，会被无意识地带到成年之后，影响一个人的交际风格。很多人虽然成年了，但其精神和心理并不独立。而**所有的不独立都是早期缺爱的后遗症。**人格不独立的人在人际交往中就会额外消耗能量，容易陷入能量彼此纠缠的状态。

一位学生说她很难拒绝别人。明明自己有一大堆工作要干，却很难拒绝闺蜜发出的逛街邀请，只好逛完街回来再加班到半夜完成自己的工作。我说："你这是不独立的表现，真正的独立是要像尊重自己一样尊重别人，像尊重别人一样尊重自己。你总是迎合闺蜜，别忘了你的内在还有一个'闺蜜'，你总是厚此薄彼地忽视'内在闺蜜'的诉求。以后遇到类似的情况，先觉察自我，这样问题就演变成"外在闺蜜"邀请"内在闺蜜"逛街，觉察自我做裁判，二者都要尊重。有自卑倾向的人更应该多听取'内在闺蜜'的意见。"

概言之，三种因素综合发展会演变出不独立的人格：三岁之前的心理诉求满足方式会发展出依恋模式、童年时父母老师有条件的爱、青少年时模仿大人的不独立行为。成年后，人格的不独立会以不同形式体现在人际交往中。连接问题由不独立所致，不独立又都是童年时为获得爱而形成的低版本反应模式，不独立是童年缺爱的后遗症，会导致能量在人际交往中的无谓消耗。**只有停止向外在索取爱，才能打开内在爱的源头。**连接力帮你摆脱能量纠缠，让你变得独立自信！只有直面自己在人际关系中不独立的表现，刻意提升内在的独立，才能恰到好处地与人建立连接。

■ 愿力：人生油腻了怎么办？

愿力要解决的是如何与我们身上的神性打交道的问题，帮助你整饬精神家园，探寻生命的意义，树立愿为之付诸毕生精力的大愿，消除佛系和油腻。耐受力帮助你与"内在狗熊"和平相处，提升后让你不会轻易"炸毛"，从而避免无谓的能量消耗；连接力是帮你更积极健康地与他人相处，使你在人际关系中，既不越界包办，又不依赖讨好，做到独立而温和。前两个力都是能量的节流之举，而愿力却是能量的开源之举。

大多数人身上都有一个奇怪的现象：恰同学少年时踌躇满志，踏入社会后逐渐被生活磨得没了棱角，在最需要梦想支撑的时候却没了梦想，到了中年难免油腻。对自己的人生不再抱有幻想，使尽全力教导孩子，把自己未曾实现的梦想寄托在孩子身上。

生活不只是当下的苟且，还有诗与远方。**激励人们行动的不完全是现实利益，还有很大一部分是精神追求。**每份事业的持续发展都需要物质和精神两种支撑，不同的是，对物质利益的过度追求会使人陷入焦虑，而有精神追求的人则更加淡定。因为心中有个不变的梦想和追求，无论外在发生什么，都能一如既往地按照自己既定的方针，积极淡定地向自己的目标前进。

生意和事业有明显的区别。生意要追求利润，“天下熙熙，皆为利来；天下攘攘，皆为利往”。而事业则不尽然，《易》云：举而措诸天下之民，谓之事业。**生意背后的驱动力更多是物质，事业背后的驱动力更多是精神。**大部分的企业家都是在做生意，所以总被竞争困扰。只有少部分企业家在做事业，内心充盈，动力十足。提升了愿力就打开了做事情的第二动力源，才能真正把工作变成修行，发自内心地全力以赴。

唐先生事业有成，二十多岁就靠做名酒代理赚了不少钱，三十岁之前基本实现财富自由，随后就陷入意义危机，觉得没什么更高的追求、更有挑战的目标。于是他就拓展生命体验：全世界旅游、尝试各种冒险运动，走戈壁、玩攀岩、出海等。但他还是不快乐：干什么事情都不能持久，沉迷两三个月就觉得没意思了。

我了解到他的情况后，说：“我感受到你身上有一股潜意识的能量一直向你的意识发信号，而你的意识就是接收不到，也解读不了。表面上你事业有成，实际上内心空虚。所以，老要做刺激的事情来释放这股富余的能量。”他说：“你说得对，我就是要找刺激的事情做。”我说：“其实这股潜意识能量是有意愿的，你不断折腾却浅尝辄止是因为还没有找到更深层次的成就感，没有找到值得投入毕生精力去实现的大愿。”他略有震惊地问我：“什么是大愿？该如何找？”我说：“针对你的情况，可以尝试追溯一下你的家族历史，看看家族里有没有被压抑的能量。”

一年后我再次见到他，他很兴奋地向我分享说：“田老师，在您的启发下，我终于找到值得自己终生奋斗的事业了，那就是做针对企业家和管理者的培训教育。我追溯家族历史，才了解到我爷爷开办过学堂，名气很大。我最佳的选择是继承他的遗志，为企业家和高管赋能，帮助他们更加成功。我现在可算是有大愿的人了，积极淡定地向愿而行，不再飘忽不定。”我开玩笑说：“原来你们家族的能量是书香味的。”

唐先生把自己的生命放在家族系统中审视，发现身上那股莫名的动力原来是家族中长期被压抑了的能量。这股潜意识能量需要被看见，渴望被后辈继承和发展。如果后辈不能解读的话，这股能量就会不断放大。

愿力不只来自家族系统。向内探索，率性寻求，渐进深入，相信每个人都能找到值得倾注毕生能量去实现的大愿，活出精彩而有意义的人生。

自控力：内在分裂了怎么办？

一位妈妈讲了一段真实的亲子互动经历：

我是一家广告公司的设计师，有一个五岁半的孩子。有一天，我给一个 VIP 客户设计方案，由于客户特别重要，那天我每隔一小时就拿着设计方案跟主管讨论。每改完一版，主管都会提出不少意见，然后再修改再讨论，一天内改了 12 版还是不太满意。把人折腾得筋疲力尽，丝毫没有成就感。

下班回家一推门，儿子兴致勃勃地迎上来往我手里塞了一沓纸，说："妈妈，这是给你的钱，我在咱们家客厅开了个小超市，你拿这些钱来买东西吧。"孩子想跟我玩游戏，把书架当成货架，上面整整齐齐地摆着他的玩具。儿子一副售货员的样子，让我用那沓纸来买那些玩具。

我哪有这个心情？一把推开孩子，吼道："谁有功夫陪你玩这些无聊的游戏。"随后就躺在床上生气。孩子委屈地哭了起来。可能在他的小脑袋瓜里跟我玩购物游戏的欢快场景已经彩排好久，没想到我却蛮横地推开他。歇了一会，我的精力恢复了一些，情绪也平静了，心疼地去安慰孩子。没想到孩子越哄越来气，哭得更厉害了。我接连对孩子说："对不起。"

孩子哭着说："你们大人整天玩的才是无聊的游戏。你真是个坏妈妈。"

我突然意识到工作才是无聊的游戏，跟孩子玩游戏才是最重要的事情。那天，我也反思了一下，为什么我会把天伦之乐搞得一团糟呢？原因就是白天的工作把自己的意志力耗尽了，当时没有控制住自己压抑的情绪。

这是一个典型的白天因工作把意志力耗尽，晚上到家情绪失控，陷入“踢猫”模式的案例。

自控力要解决的是与自己打交道的问题。自控力不强的人很容易陷入“间歇性地踌躇满志”的状态。康德说：“**自由不是随心所欲，而是自我主宰。**”人和动物最大的区别是人有独立意志，能够有意识地分配和运用注意力资源，把更多的精力投入到自己设定的人生目标中去。每天的能量到底有多大比例根据自己的意愿支配，有多大比例用来做情非所愿的应付？这个比例能反映一个人的自控力水平。毫无疑问，互联网时代丰富多元的诱惑对每个人的自控力都提出了新的挑战，老子说：“胜人者有力，自胜者强。”能够管理自己的欲望，调和自己身心的人，便可以活出自己想要的人生。

自控力就是要不断地消除内在的不和谐，促成身心合一。大多数时候我们的身心是不和谐的，有时候身想做心却不想做，有时候心想做身却不想做，身心不和谐意味着要额外消耗能量。**努力的本质是用一股能量征服另一股能量，而你表现出来的能量是两股能量抵消后的剩余。**提升自控力有开源和节流两种策略。如何开源？就像锻炼我们的肌肉一样锻炼我们的精神肌肉，提升自己的意志力。节流就是不要在那些无关的、小的事情上无谓消耗注意力。只有这样才能够提升我们自主分配能量的比例。能量更大比例地被自主意志支配，人才活得通透。

■ 复原力：生命的“电池”如何充电？

复原力与前四者不同，解决的是如何持久保持心力充盈的能力，是从消耗、打击中恢复的能力。

复原力涵盖的内容比较多。微观地讲，复原力是指进行身体精力恢复的正念休息，暂时屏蔽思维，关注感受，促进身心合一的能力。思维实在是一把双刃剑，能让人聪慧，也能让人天马行空地脱离实际，空耗能量。一个人不能驾驭自己的思维，也就驾驭不好人生。**身心合一的最高境界是进入忘我的心流状态。**

中观地讲，复原力是指要学会复盘，能够在过往的事件中汲取滋养然后洒脱地放下。放下过去才能更好地把握未来。再者就是懂得放下身份，回归系统，用瓦解自我边界的方式来拓展自我。**自我就是个外套，该脱的时候脱掉，该穿的时候穿上。**每穿上一个“自我”，都要消耗一份能量。

宏观地讲，复原力是指清理隐藏在潜意识里的精神病毒的能力。缺乏复原力的人就像被病毒侵害的电脑，不仅运行效率低下，而且破坏性极强。

模式的形成与心力结构

最初我提出心力概念的时候头脑里并没有成熟的结构，只是凭直觉罗列出影响人生效能的要素。罗列完要素之后，再去探索其内在关系和结构，最终架构出五力模型。在架构过程中我始终抓住两个关键点，一个是能量，即如何优化一个人对能量的分配和运用方式；另一个就是大脑的工作记忆区，我将其隐喻为内存，究竟是哪些东西占据着人的内存？仔细推敲，会发现**占据心思、消耗心力的无非是五种东西：人、事、物、梦、己**，即心力作用的五种对象。

塑造自我的五种力量

日本设计师山本耀司曾说："'自己'往往是看不见的，你要撞上一些别的什么东西，反弹回来，才会了解自己。所以，跟很强的东西、可怕的东西、水准很高的东西相碰撞，然后才知道自己是什么，这才是自我。"从能量的角度看，自我不过是个体能量在社会这个大能量场中长期持续互动的结果，**是我们身上多股力量长期持续相互影响的结果。**五维心力无非是内心的五种力量：耐受力代表的是过去的力量和动物本能的驱力；愿力代表的是未来的力量和精神驱力；连接力代表的是爱的力量和感性的力量；自控力代表的是自律的力量和理性的力量；复原力则代表的是正念的力量和觉察的力量。

首先，过去的力量。耐受力既代表着人的过去，一个人的情感反应模式总能追溯到原生家庭的成长经历，也代表着人的兽性残留。既有代表过去的时间属性，也有代表兽性的存在属性。每个人的待人接物模式受早期社会经历的影响很大，小时曾被怎么对待，长大后就会用同样的方式对待别人。**小时缺乏爱的人很难给别人爱，小时候缺乏**

安全感的人很难信任别人。不要光看一个人做了什么事，而要考察其小时候经历过什么，考察是什么样的经历使其变成今天的样子。了解其独特的经历，你会发现每个人都值得同情。

其次，未来的力量。愿力代表人的梦想、未来，同时也代表人身上的神性，或称之为佛性、心性也可以。人是唯一能够根据自我目标有目的演化的生命，每个人都能够通过想象设计和创造自己的未来。一个清晰的个人愿景能够最大限度地调动人的内在动力。一个人找到了真正属于自己的清晰愿景和使命，自身的内在能量就会聚焦。生命是短暂的，只有把内在能量长期持续聚焦在某一个领域才可能有所作为。我很喜欢一句话：**重要的不是你是谁，而是你想成为谁。**强烈的梦想可以让人的能量更多地向未来分配。尼采说，**知道“为什么”的人几乎能够克服一切“怎么样”问题。**稻盛和夫说，只要你知道想要去哪里，整个世界都会为你让路。

愿力和耐受力是一对。愿力代表未来、归宿，指当你离开世界的时候要给世界留下什么，是想成为谁的能量（BEING）。耐受力代表过去的力量，是做什么的能量（DOING）。人不过是过往经历的总和，达马西奥称之为“自传体自我”。**我们不要只看一个人是什么样或者做了什么事，而要考察其经历过什么，是什么经历把人塑造成这个样子。**

第三，他人的力量。社会环境对人的影响是显而易见的，在社交场合表现出来的你和独处时的你简直是判若两人。在社会环境中，没有人能够为所欲为，所有人都是戴着镣铐跳舞。连接力反映的是人际关系对个体能量的影响，有人能够在人际关系中汲取能量，有人则在人际关系中消耗能量。**如何在人际交往中既关注对方的感受，也坚持**

自己的原则，是伴随一生的修身功课。维果茨基认为：人类独有的高级心理机能是在一定的社会历史文化背景下，借助语言，通过人与人的社会交往而形成的。最近有句话很流行："你的认知水平就是你朋友圈的平均水平。"自我正是在频繁的社交活动中形成并演化的。

第四，自主的力量。自控力代表人身上的自主能量，是要在群体中凸显个人风格，展示"我"的力量。我们的内在，兽性的本我、神性的超我以及现实的自我同在。**每个人都是英雄与"狗熊"同在，天使与魔鬼同在，远方与苟且同在。**只是在特定的情景下，其兽性被激发了就是坏人，佛性被激活了就是好人。不同的遭遇激活了人性中不同的特质，就表现出不同的行为。孔子说："虎兕出于柙，龟玉毁于椟中，是谁之过欤？"老虎和犀牛从笼子里出来伤人，龟甲和玉器被毁在匣子里，是谁的过错呢？每个人毕生的修身功课无非两样：管住自己的"狗熊"，勿使其出来伤人；绽放自己的才德，勿使美德与才华埋没。

自控力和连接力又是一对，在西方被叫作逻各斯（LOGOS）和厄洛斯（EROS）两种能量，即分别能量和连接能量。人们时而表现出特立独行的逻各斯能量，时而表现出追随大众的厄洛斯能量。人人都有绽放的诉求，因为离群索居对个体而言是危险的。西奥迪尼在他的《先发影响力》中说，在漫长的演化过程中，人们形成了定向反应，遇到危险的时候，人们更倾向于成为群体中的一员；而在求偶的时候，就想避开群体，独自享受情意绵绵。泰戈尔说，爱情意味着两个人就是世界。**人们用智慧分清了界限，又用爱模糊了它们。**划分界限，要活出自我的能量就是自控力；模糊界限、团结一致活成强大的"我们"的能量就是连接力。爱因斯坦说，自我不过是意识的错觉。自我其实是意识造出来的。当自我边界模糊了的时候，我们就能感受到荣格所说的人类集体潜意识。

最后，平衡的力量。上述四种力量在一个人身上长期持续作用、相互角力。当四种力量失衡的时候，就需要恢复平衡，重新回归稳态。这种持续回归稳态的力量就是复原力。我们时而想活成理想中的自己，时而又羡慕别人的样子；时而想我行我素、光明磊落地活着，时而又觉得人言可畏、众口铄金，不得不活成别人眼中的样子；时而满脑子盘算着未来，活在臆想的虚拟世界里，时而深陷过去，掉进伤痛的泥潭里。

一个人不能与过去和解，就没有精力去开创未来。有道是：**过去的过不去，未来的也来不了。**一个人越想凸显自我，越容易自我膨胀，反过来就更容易受到社会系统的制约。复原力处在其他四个力的中间起均衡作用。微观的复原力就是念头的管理。巴利文把“念”称作 SATI，正念就是要把念头聚焦在当下，不挂念过去，不臆想未来，瓦解自我，回归到更大的系统中，甚至跟整个宇宙系统连接，意识到自己是更大系统中的一粒尘埃，就释然了。中观的复原力是复盘，有意识地把经验升华为知识，同时把生命能量从过去的事情中释放出来。宏观的复原力便是要直面过去的创伤，修补埋在潜意识深处一直在暗耗生命能量的黑洞。

某集团教育发展部总经理在参加心力线下课时，受五维心力的启发，提出人生成功的五要素。第一，**经受过挫折**。小时候吃过苦，经受过磨难，如孟子所言，天将降大任于是人也，必先苦其心志，劳其筋骨……挫折对塑造健康的人格而言是必不可少的，没有经历过苦难和挫折的人很容易自我意识膨胀，容易酿成大错。老子说，轻诺必寡信，多易必多难。没经历过挫折的人做决策时容易草率、轻敌，纸上谈兵的赵括就是典型的反面教材。第二，**遇到过高人**。人的认知水平受限于自己的社会关系，一个人能成为什么样的人，很大程度上取决于其在生命的早期遇到过什么样的高人，受到过什么样的启发。德鲁克早期就受到经济学家熊彼特的影响而最终成为重实践的现代管理大师。但并非所有人都有足够好的运气能够遇见高人，那么还有一个替代的方案就是博览群书，阅读其实就是间接与高人对话。第三，**看见过风景**。视野决定格局，见识决定胆识。看见过大风景更容易立大志，有大情怀。第四，**办成过难事**。千里之行，始于足下。宏大的志向总是要去实现的，唯有实力才能让情怀落地。自控力强的人始终能够做到让自己的能量更多地服务于自己的宏大目标，让自己的短期好恶服从于自己的远期愿景，所谓的成功无非是心力的长期定投。有志者，事竟成。办成过难事的人自信心会提升，自信心提升后又进一步敢想敢干。第五，**经历过“轮回”**。任何事业都不可能一蹴而就，就像唐僧取经一样要经历九九八十一难，一次次遭遇失败，又一次次重新站起，从头再来。不经历风雨，怎么见彩虹？经历过多次波峰和波谷的人，才会更加积极淡定，向愿而行。

■ 一滴水的隐喻

一杯水，其中的每一滴水都有过自己独特的经历。尽管你不知道它来自哪里，又如何汇聚到杯子中，但每滴水都有其自己的故事，每滴水身上所存在的独特的过去力量就是耐受力。同时，每滴水很难独立存在，脱离了其他很多滴水就会很快被蒸发。我们喝的每一口水都是由很多滴水组成的，水滴和水滴之间的相互依存的关系就是连接力。每个水滴都渴望凸显自己的与众不同。你摇晃一下杯子，水就会掀起一个小水花，每滴水都渴望借势成为水花，凸显自己的独特性，绽放生命的精彩，活出自我，这就是自控力。而短暂绽放的水滴要快速回到杯子里，如果单独绽放太久的话就会被蒸发。所以，每滴水既要成为水花来绽放生命的独特性，也要及时回到杯子里，归于平淡，这就是复原力。其实每滴水都可以有自己的梦想，思考存在的意义：我的使命是什么？滋养某株植物还是某种动物？还是清洁某个物品？还是成为某个水系景观的一分子？水的价值实现就是它的愿力。

作为社会动物的人也如同水滴一般。每个人都带有自己的过往，这部分过去的力量会影响着能量分配和运用方式，这就是耐受力。当然也有自己的使命和梦想，这部分未来的力量照样影响着人的能量分配和运用方式，即愿力。人在独处和社交两种场合下的表现会很不一样，连接力就是与人相处时的能量分配和运用方式，自控力则是与自己相处时的能量分配和运用方式。复原力则是在时空交汇点上，其目标是让人持续处于很好的状态。

社会熔炉中的自我锻造

自我是个体小系统与社会大系统在长期相互作用和相互影响中形成的，而且一旦形成，就会比较稳定。所以人常说：江山易改，本性难移。卡尔·荣格却说："你生命的前半辈子或许属于别人，活在别人的认为里。那把后半辈子还给你自己，去追随你内在的声音。"荣格呼吁我们后半辈子重塑自己，直面"本性难移"的挑战。**修身对任何人而言都是一辈子的功课。**说本性难移是因为我们并不确切地了解本性的本质以及本性的形成。

自我小系统的棱镜分解

有位企业家曾问我："田老师，您认为'吾日三省吾身'是古人的道德追求还是有实际可行的方法？人很容易迷失在自己的角色和情境里，所以我怀疑人能否做到真正的自我反省。"我略加思索后回答："自我反省的前提是自我解构，至少要把自我分成两部分：一个躬身入局的我和一个旁观者的我。**不能解构就不能觉察，不能觉察就不能提高。**"我认为自我觉察和自我解构是修身的基本功。

诺贝尔经济学奖获得者、心理学家丹尼尔·卡尼曼借用斯坦诺维奇的说法，把人的认知系统分为系统Ⅰ和系统Ⅱ。系统Ⅰ是动物本能的延续，靠直觉工作，能够不假思索地快速反应。系统Ⅱ是人区别于动物的高级思维，靠思维工作，理性反应，但速度比系统Ⅰ要慢。我在卡尼曼的基础上架构了一个系统Ⅲ，它是指我们身上超越物质、超越自我的更高精神世界，其工作模式显然与系统Ⅰ、Ⅱ又有不同。就像自然光是由七色光复合而成的一样，人的表现也是系统Ⅰ、Ⅱ、Ⅲ复合而成。透过棱镜能够把自然光分解为七色光，也能透过人性的“棱镜”分解人的表现背后三个不同系统作用。弄清楚究竟是谁（人性的哪个系统）借嘴巴表达，借四肢行动；又究竟是谁（人性的哪个系统）主导了某次关键决策。

我把系统Ⅰ隐喻为“狗熊”，这样更形象也容易记忆，可以理解为人身上的动物本能，是非理性的潜意识反应，其最核心的目标是让我们能够好好地活着，维持生存。狗熊的决策原则是存亡，反应方式是“战斗—逃跑”，学习方式主要是模仿、体验和感受。在原生家庭中，我们通过模仿和感受习得了很多无意识的防御模式，逐渐形成了习性。习性与一个人童年经历息息相关，要改变习性通常要直面童年的创伤，要有意识地觉察自己身上那种童年习得的过激的反应模式。童年的创伤完全可以被我们后天发育的大脑合理化地治愈。

系统Ⅱ则更多是社会化互动的产物。维果茨基把人区别于灵长类动物的大脑机能称之为高级机能，比如随意注意、言语思维、逻辑记忆、概念能力、独立意志等。他认为高级机能是社会化活动的产物。因此我把系统Ⅱ隐喻为“凡夫”，是人性中相对理性且适应社会活动的模块。这部分是 12 岁以后快速发展的，其决策目标是得失，反应模式是趋利避害。人和动物最大的区别恰在自我主宰能力。人能够有意识地分配和运用自己的注意力，尽可能地主宰自己的人生，成为自己的主人。

系统Ⅲ则是人身上超越自我的更为高尚的部分。其决策目标不再是个人得失，而是善恶，反应模式就是王阳明说的为善去恶。除客观现实外，人还有一个想象现实；除了物质世界之外，人还有一个精神世界。精神世界拓宽了生命的疆域，使得人生不只有当下的苟且，还有诗与远方；不要只追求物质的丰盈，更要追求精神的超脱。现实世界是横向发展的，凭借聪明睿智当然能够积累更多财富，但是把所有的青春年华只兑换成财富的增长是愚蠢的。**修身的最终目的是让灵魂更高尚一点，让灵魂高尚一点恰是生命的纵向提升。**阳明先生说："人胸中各有个圣人。"因此我将这部分隐喻为"圣人"。**我们的内在狗熊决定了生存质量，凡夫决定了生活质量，圣人决定了生命质量。**

人区别于动物的关键高级机能是自我觉察能力，也就是人能够自己检视自己的言行，能够把自己从具体的情境抽离出来，自己省察自己的言行。苏格拉底说："未经省察的人生不值得活。"因为省察是人的关键特征，因此我把人身上自我省察的高级机能隐喻为"智者"。在每个人身上都有狗熊、凡夫、圣人和智者四个部分，每个人都是圣凡同体的，都是天使与魔鬼同在，英雄与狗熊同在。每个人的修身功课都是如何管住自己的狗熊，努力活出圣人的一面。

个体心智在社会交互中发展

人是社会动物，我们并非出生在一片土壤里，而是出生在一个社会里。脱离了社会，每个人都不能单独地成为他自己。家庭是人生的第一个社会，自然成为人学习社会技能的第一所学校。人生下来是弱小的，生活不能自理，吃喝拉撒都仰仗父母的照顾，三年始免于父母之怀。孩子会把父母围着自己转的感觉泛化，以为外部系统本该围着自己转，就像早期人类以为地球是宇宙中心一样妄自尊大，被娇惯久了就养成唯我独尊的习性。这就是人类心智的原初版本：**唯我性心智**。从脑科学的角度看，所有的习性背后都是愉悦回路，每次对小孩需求的无条件满足都是在帮他巩固以自我为中心的回路。倘若偶尔没有满足其需求，他就会放纵自己的狗熊伤人。唯我心智者的内在系统被狗熊主宰，放纵狗熊的结果是活成自己欲望的奴隶。当然，外部系统有其自身的运行规律，任何个体都是社会系统中的一员，没有人可以摆脱社会而独立存在。走出自己家庭参与社会活动的孩童很快会发现小伙伴们并不会围着他转，唯我独尊的幻象很快就会被现实无情击碎。五维心力中的耐受力要解决的核心问题就是如何跟自己的狗熊相处。动辄发飙的人会让别人没有安全感，所以每个人修身的首要功课是管住自己的狗熊，不然就会没有朋友。而狗熊的学习方式主要是无意识模仿，所以要提升耐受力就要敢于直面童年的创伤，解构那些在原生家庭中通过模仿习得的低水平情绪反应模式，用更高的智慧重构新的模式，再用刻意练习的方式把新的模式固化成习惯。

置身社会，孩子逐渐感受到社会是一个比自己家庭更大的系统，有大家共同遵守的规则。他们在相处的过程中逐渐养成遵守规则的习惯，大家都遵守约定俗成的规则才不至于相互伤害，规则对每位个体而言既是约束也是保护。再长大一点，孩子会感受到外在的有条件的爱：只有做到什么，才能得到什么。为了得到想得到的东西，孩子要么激励自己以换取外在的认可，要么压抑自己以符合外在要求，甚至把外在的规则内化为自我约束，不仅自己自觉遵守规范，而且会监督和督促他人遵守规范，这就发展出**反应性心智**。反应性心智是个体融入社会大系统的前提，但副作用是以别人为中心，在乎别人对自己的看法，委屈自己甚至自我伤害。当一个人活在别人的评价里，就迷失了自己。查理·佩勒林曾经把社会背景对人行为的扭曲力称之为第五力，社会环境中的每一个人都不能为所欲为。对每个人而言，能够多大程度地做自己才是真正的课题，我认为修身的功课就是尽可能多地做自己。康德说，所谓自由，不是随心所欲，而是自我主宰。随心所欲是被自己欲望绑架而不能成为自己的唯我心智状态。我以为，还有另外一种不能自我主宰的状态，那就是在社会环境中活在别人的评价里，为了得到别人的认可而扭曲自己。因此，康德的话可以优化为，**自由既不是随心所欲，也不是随波逐流，而是自我主宰。**唯我心智主导的随心所欲的感觉和反应心智主导的随波逐流的感觉一样，都是对生命能量的无谓消耗。五维心力中的连接力主要面对的是人在社会环境中的低效能模式，引领大家接触自己身上不独立的表现。比如，讨好型人格委屈自己，迎合别人；拯救型人格消耗自己，干预别人；牺牲型人格又自我否定，压抑自己……所有不独立模式不是无谓消耗就是过度压抑，导致个体效能较低。只有觉察到自己身上不独立的模式，才能有的放矢地刻意练习。

独立是成熟的重要标志，既能做到内在和谐，不放纵自己的狗熊伤人，也不过度压抑自己憋出内伤。换句话说，真正的达人能够在自我小系统与社会大系统间自由行走，这就发展出**创造性心智**。拥有创造性心智的人总能够在遵守社会规范的同时，努力探索活出自我的空间，他们是“戴着镣铐跳舞”的高手，总能在各种束缚与限制中找到一个弹性空间，巧妙地寻找自己的用武之地，植入自己的梦想，绽放自己的才华，活出自己的风格，真正做到自我主宰。在任何规则下，他都能发挥自己创造力，在遵守社会规范的前提下成为赢家。客观上讲，每个人都处在受限制的环境中，没有人可以为所欲为。所以，创造性心智更像一种积极的心态。《肖申克的救赎》中有一句台词说：“有一种鸟是关不住的。”在创造性心智的人眼中，所谓束缚、限制的唯一作用就是界定他们创造的空间和边界。**心无挂碍，哪里都有自由，随处都能找到自由发挥的空间。**五维心力中的自控力则助力大家提高能量的主宰度。我们不仅要把生命能量从无谓的消耗中解救出来，还要学会自主分配和运用。

拥有创造性心智的人在任何规则下都能审时度势地找到弹性空间活出自己，成为人生赢家，却不能带领团队、整合更多的力量取得更大的成就。创造性心智的人只是现有系统中的优秀玩家，却未必处在系统的核心位置，成为系统的主导者。倘若优秀玩家要成为系统的主导者，走进系统的核心，就要发展**整合性心智**。如果说创造性心智者追求的是成为现有游戏规则下的赢家，那么整合性心智者则要成为游戏规则的制定者，追求的是搭建一个让所有玩家都能各尽其能、各得其所的平台。任何社会系统都需要目标愿景，要想成为一个系统的核心或主导者，必须有远见卓识，提出能够团结各方力量参与其中的宏大变革目标（MTP）。这就是五维心力中愿力的作用，梦想要足够大才能吸引更多精英参与进来。萨利姆·伊斯梅尔在他的《指数型组织》中提到：强有力的MTP能成为吸引人才的广告，更是留住尖端人才的磁石。愿力不仅能让自己聚焦全部能量，全力以赴地奔赴目标，更能吸引和团结更多的精英人士向共同的愿景迈进，或为整合资源和能量的引擎。

处在主导位置的领导者在自己系统中很有影响力，却也不能为所欲为。为什么？系统外还有更大的系统。小系统是更大系统的成员，受更大系统的辖制。若干个小系统共同组成大系统，大系统又是更大系统的成员，就像地球从属太阳系，太阳系又从属银河系，银河系和河外星系又属于宇宙……系统总是小无其内、大无其外地层层嵌套。用宏观的视角看，万物没有分别，同属宇宙系统，就像庄子在《齐物论》中所言：天地与我并生，而万物与我为一。**人们所感受的自己与外界的分别其实只是意识的错觉。**回到生活中看，每个人又同时分属多个社会系统。某人在单位是领导，回到家里又是儿子、丈夫，在课堂上又是同学等，每一个社会角色背后都有一个系统。不难发现，人处在不同的系统，扮演不同的角色时，其内在的能量状态不一样。可能在某一个系统中很滋养，却在另一个系统又很消耗。个体在滋养的系统中充电，在消耗的系统中放电。最佳的充电方式是把自己的意识融入更大的系统，达到庄子所说的“堕肢体，黜聪明，离形去知，同于大道”的“坐忘”状态。该状态就是中国古人所推崇的天人合一状态，处在这个状态的心智就是**合一性心智。**五维心力中的复原力就是引导大家用降低身份，甚至瓦解自我的方式放下意识层面的纠结，回到本初，恢复稳态，掌握让自己持续心力充盈的方法。

使用本书的建议

在我的心目中，这本书不是一本看一遍就可以撂过手的论文或小说，而是一本值得反复翻阅长期陪伴的个人修行指南。尽管篇幅不大，却内容丰富，包含了个人成长过程中从依赖走向独立，从平庸迈进卓越，变障碍为资源，化创伤为滋养乃至从低能量状态跃迁到高能量状态的诸多知识和工具，都是帮各位读者疗愈创伤、走向独立、宏愿立志、开发潜能的方法工具。在本章的最后，给大家一些如何用好本书的建议。

■ 找到“有缘的那片叶子”

学习的最大障碍是贪婪。 想学的越多，学到手的就越少。我常说，课讲有缘人，人听有缘课。看书也是同样的道理。佛陀对弟子说：“我传过的法好比手中的这些叶子，没传过的法好比整个林子的叶子……尽管悟道的法门很多，但对每一个人而言，只要找到跟你有缘的一片叶子，就足以悟道成佛。”就修身而言，每个人的经历不同，卡点也不同，修身的功课也理当不同。因此，这本书要经常翻翻，从中探寻跟自己“有缘的那片叶子”，参照相应的方法工具，认真修炼就好。多年的经验告诉我，真正制约一个人发展的低效能模式也就几个而已，改一个少一个，进一寸有一寸的欢喜。再者说，每个人精力有限，一段时间只够做一种功课。**有效的学习不是知道，而是通过实修把觉知转化为能力。**

关联过往的经历

我经常讲，**只有有温度的知识才会被付诸实践。** 什么叫有温度的知识？知识是从具体情境中抽离出来的框架结构，是抽象思维的产物。学习知识的过程实际上就是把新知识和旧经验进行关联的过程。每个人都会用自己已有的知识和经验去消化理解新学的知识，知识掌握的标志是学习者结合自己的旧知经验形成个人版本的理解。如果你不能够把我所讲的新知和你原有的知识和经验建立有效的关联，那么这个知识不属于你。

从知道到做到之间的鸿沟实在是太大了，只有知道且付诸实践验证过的知识才称得上是真知。我经常讲：不要轻言理解了，真正的理解是要付诸行动的，是要投入能量用生命去理解的。这其中最大的资源是一个人刻骨铭心的、历历在目的情感经历，**情绪实际上是影响学习效果的最大变量。** 情绪是人在进化过程中逐渐形成的对外界刺激的快速反应。情绪遵循的逻辑很简单，那就是趋利避害。得到了就积极，失去了就消极；被欣赏就积极，不被欣赏就消极；被接纳就积极，不被接纳就消极；有希望就积极，没有希望就消极；能控制就积极，不能控制就消极。情绪是一种资源，是一种能量，驾驭情绪是一项很重要的能力。当你能够用书中的知识去关联你过往的一段经历，解释你身上无意识出现的某种模式的时候，你就行走在理性觉知自我的路上。**人生的很多烦恼不是别人不了解你，而是你不了解自己。** 更深刻、更客观、更全面了解自己的人，才会想方设法改变现状。用书中的内容对照自己真实的情感经历，必然会有意想不到的收获，发出相见恨晚的感叹。

■ 把觉知转化为能力

学习可以分两个步骤，第一步叫输入，是指从外界获取信息。第二步叫转化，是指把外界信息转化为个人版本的理解和个性化的应用。输入是学习的手段，目的是为了促成转化，只有转化才是学习的最后发生。所有重输入而轻转化的学习都是浅层学习。教育这个词，实际是两个词——教化和化育，即教育的过程必须有个“化”的过程。仔细体会“化”这个字，比如“消化”，其中“消”是一个把食物研碎搅拌的物理过程，而“化”是一种把食物中的营养吸收并融入机体的化学过程。

认知并不等同于能力，只有通过大量的刻意练习和认知折叠把认知转化为不假思索自动反应的习惯和直觉才真正成为能力。把认知转化为能力分两个过程，一是结合个人经验形成个人版本的理解，二是结合实践形成个性化的应用。觉得知识用不上的原因也有二：一是没有真正吃透，没形成个人版本的理解，二是没有努力去变通应用。我认为，**没有用不上的知识，只有不会变通的人。**所有知识都是指导性、原则性、纲领性的，要把知识转化成能力，必须学会根据具体情境进行适应性的改造和创造性的发挥。五维心力揭示的是生命能量分配和运用的底层逻辑，体现在生活和工作中的方方面面。可以在诸多场景中有意识地运用书中的知识和方法，感受新的方法和旧的模式之间的差异，积累用新模式取得更佳效果的情感体验。

改变的难点不在认知，而在情感。我们的身体每天都需要一定量的食物和水，同样的道理，我们的心理每天都有最低限度的情感需求，姑且笼统地称作释放多巴胺。模式背后是习惯，习惯背后是大脑的愉悦回路。所以习惯只能被替换，不能被消除。只能用一种愉悦回路替代另一种愉悦回路，用新的释放多巴胺方式替代旧的释放多巴胺方式。这个过程是一个系统工程，要通过大量的刻意运用和强化练习，绝不是看看书、懂得其中的道理就能轻松实现的。

保持觉察反思

觉察就是用旁观者的我观察那个身在局中的我。看见自己所需所感、所作所为的人才能活得更加明白。清清醒醒、明明白白地活着才是人生的头等大事。修身的功课无非是持续地去觉察自己身上那些低版本、低效能的模式，然后通过刻意练习将其升级为高版本、高效能的模式。所以，**觉察是修身的起点。**稻盛和夫的六项精进把反思作为其中之一，他认为："竭尽全力、拼命工作"再加上"天天反省"，我们的灵魂就会被净化，就会变得更美丽、更高尚。反省就是耕耘，整理心灵的庭院。要通过天天反省，扫除心中的邪念，然后播种美丽的花草，让清新、高尚的思想占领心灵的庭院。

查尔斯·汉迪说，只要对过去经历的事情加以反思，学习就发生了。爱因斯坦说，学习就是经验，其他一切都是素材。我认为，对自己深度参与的事件进行深入的反思是最有效的学习方式，从直接经验中归纳总结某种规律，以期在未来的实践中应用——这是人类最智慧之处，也是学习的最精要之处。在经历事件的过程中，当事人有了实在的行为投入和真实的情感体验，如果能通过复盘再深入反思和总结其内在的规律和方法，那么，真实事件的复盘最能促成当事人的行为、情感和认知融合，这三者的深度融合才能致真知、促真行。拿自己的真实经历复盘实际上是从自身行动开始，回味直接情感体验，再总结规律，升华为方法论。

但愿这本书能成为你启动自己觉察反思的心锚。开卷有益，只要看见书中的文字，就能启动你的觉察反思程序。就像软件需要常常更新一样，人的心智系统也要常常更新。以前感到俗不可耐的事情，突然觉得其妙不可言；以前奉若至宝的东西突然视若敝屣；以前忍不了、放不下的事情，现在看来没什么、很平常……这些都说明你的心智模式在迭代。

第二章

耐受力：终身成长的功课

生活在这个世界上，每个人都难免会受到外部环境的冲击。不同的人受到意外冲击后表现不同，有人显得沉稳冷静，很有定力，有人则一点就着，动辄发飙。我就见过一个很喜欢证明自己的人，张嘴闭嘴都在显示自己的优越性。有人反问他一句，他竟然能够花半天时间与人家争辩，结果当然是谁也说服不了谁。试想，人家随便的一句话，他就争辩半天，他生命能量的运用完全是随机的、发散的，运用到哪里不取决于自己的目标，而取决于外在的刺激。他的生命能量就像装在漏底的桶里一样，随时可能因为一些琐事而无谓消耗。长此下去，人生也不会有什么作为。

倘若一个人在比较重要的岗位上，却常常控制不住自己的情绪，后果将是灾难性的。孙子曰："主不可以怒而兴师，将不可以愠而攻战。合于利而动，不合于利而止；怒可以复喜，愠可以复说，亡国不可以复存，死者不可以复生。"决策者在非理性状态下决策，常会导致不可挽回的重大损失，从而陷入更大的被动。当一个人不能理性思考的时候，本质上跟动物没有太大的区别。社会心理学家费斯汀格指出：生活中的10%是由发生在你身上的事情组成，而另外的90%则是由你对所发生的事情如何反应所决定的。一次非理性反应的错误常会导致多米诺骨牌般的连锁反应，后果严重的话甚至可能毁掉一个人的一生。

稀缺心理导致的非理性反应

为什么有人很容易陷入非理性反应模式？如何提高非理性反应的阈值？要深挖这种反应的成因和运作机理。在漫长的进化过程中，为了保全生命，在紧急状态下，人类的大脑会启动保护机制，进入“战斗—逃跑”的戒严状态，交感神经系统迅速占主导地位，免疫系统、消化系统、社交系统、思维系统甚至生殖泌尿系统都会暂时关闭，释放大量的甲状腺素、肾上腺素、皮质醇等，使得全身的肌肉神经节都紧张起来。

假如你是一个领导者，不幸进入这种动物性的求生本能全面激活的状态，内在“狗熊”就完全接管了你，表面上看你还是那个领导者，可实际上却被激活到12岁之前的小孩状态，后天接受的教育都不能正常工作，本质上是一个失去理智的动物。**不能理性决策的领导对整个组织的负面影响和潜在风险都是巨大的。**我认为领导的岗位素质中最基本的要求是不容许进入非理性状态。

这种非理性状态在学术上称之为稀缺态。赛德西尔·穆莱纳森写了一本书叫作《稀缺：我们是如何陷入贫穷与忙碌的》，书里讲了稀缺的原理和危害，其中有一个案例令人印象深刻。

圣约翰医疗中心的32间手术室每年都要进行3万多台手术，因此，手术室永远是一床难求。一旦出现需要紧急医治的患者或者超出计划预期的手术，就会造成拖延和加班。医护人员总是很早上班，很晚才能下手术台。久而久之，医护人员进入稀缺态，工作效率低下，医疗事故频出，整个医院进入一种恶性循环。

医院管理层聘请外部咨询顾问解决这个问题。顾问观察了一周后开出药方：预留一间手术室待用。院长说："你疯了，我们现在的手术室还不够用呢，还要留一间备用？"顾问则认为造成医护人员长期极度疲倦的原因是计划外的手术太多，导致每天本该晚上6点下班，而事实上常常凌晨1点也下不了班，到第二天早上8点又要上班，时间长了，医护人员陷入稀缺态。人们天生喜欢各项工作有秩序、按计划地进行，不确定性会让人陷入焦虑和无助的稀缺态。如果开辟一间备用手术室，专门处理紧急和意外状况，可想而知那间备用手术室根本不可能空闲下来，但手术按照既定计划完成的准点率却提高了不少，遇到突发情况时医院回旋余地变大。医护人员的心理状态大为改善，因为其实每个人最担心的就是这个事情不可控、没有秩序感、不可预测，这种感觉会把人带入稀缺态，而稀缺态对人造成的心理感受比稀缺本身还更具危害性。这么一调整后，医护人员按点下班的概率也提升了。其实事也没少做，而人的状态好了很多，问题就迎刃而解了。

把稀缺的理论泛化一下：感受到潜在威胁的时候，人们就会激活“战斗—逃跑”模式，大脑进入紧急状态，极度紧张而不能理性思考。而这种稀缺状态对人体的伤害远远大于威胁本身。有人因为缺金钱而动作变形，陷入稀缺态；有人因为缺时间而陷入时间维度上稀缺态；有的人则可能精力不济而陷入精力的稀缺态。尽管造成稀缺的元素不同，但稀缺的消极感受和负面影响却是一样的。

一旦陷入稀缺态，整个人就会被无意识的本能力量所支配，很难有效思考，无形中犯一系列连环错还不自知。一个人偶尔陷入一次稀缺态问题不大，倘若常常陷入稀缺态问题就严重了，稀缺态分泌的甲状腺素、肾上腺素、皮质醇这些激素能把紧张和压力传递给全身的每一个细胞，切实地改变每一个细胞生存的微环境，这些激素在体内需要一两周才能代谢出去。有人甚至等不到上次发飙的有害激素代谢完，就又发飙了。长此以往，全身的细胞始终处在有害激素浓度很高的内在环境下，免疫系统动辄被关闭，身体就容易出现状况。倘若一个人发飙的门槛很低，体内细胞的微环境会越来越糟糕，而这种糟糕的生理状况又被称为诱发情绪失控的重要因素，进而形成恶性循环——爱发火的人，引爆点会越来越低。

所谓耐受力，就是要提高一个人面对外界冲击还能保持稳定状态，而不陷入稀缺状态的门槛。如果把心力比作木桶的话，耐受力就是那个桶底，动辄进入稀缺态的人就好比心力的桶底是漏的，不补桶底，一个人就很容易受感性的烦恼干扰而陷入稀缺态，人生很难有大的作为。

打开大脑的任务管理器

更多的人困扰在于：明知爱发火是损人害己的陋习，恢复理智之后自己也常懊悔不已，可置身某些情境时就又情不自禁地发火，自己也很想改，苦于没办法。怎么办呢？

我喜欢用处理电脑死机的方法来类比说明这个问题的解决方法。电脑死机常常是因为内存卡壳造成的，我们可以通过系统自带的任务管理器来管理电脑的内存。当我们发现电脑运行很慢时，就启动任务管理器，检查哪个程序占了太多内存，关闭那个太占内存的程序，电脑就恢复正常了。

现代心理学已经非常清楚地界定了大脑前额叶有一块区域——布罗德曼分区系统的BA46区域——负责大脑的工作记忆，我将其比喻为大脑的“内存”。人陷入稀缺态是因为工作记忆区占满了，也就是没“内存”了。无论多么训练有素的人，一旦陷入稀缺态，都不能发挥正常水平。认知心理学的研究发现，在强大的压力下，专家的表现和初学者的表现差别并不大。在强大的外部压力下，无论是专家还是初学者都会把全部注意力用于应对外部压力上，而用于完成任务的“内存”就被挤占了。格拉德威尔在他的《大开眼界》一书中列举了1993年在温布尔登网球决赛中，捷克选手诺沃克那在接近赛点时被对手成功逆转的案例。这位世界级选手被临场的状况搞得情绪紧张，结果一再失利，最终丢了即将到手的世界冠军。在压力下，意识会接管潜意识自动发挥的那部分隐性技能，以至于大量刻意练习发展出来的隐性技能无从发挥。在竞技场上，哪怕是世界一流的运动员，其技能是超一流的，但如果他们紧张了，其高超技能也发挥不出来。

要想不陷入稀缺态，就要给自己的大脑也安装一个“任务管理器”。**在你快进入稀缺态的时候，哪怕还有 1% 的富余内存，也要想方设法启动自己大脑的任务管理器，也就是进入觉察态。**觉察就是检查自己的大脑正在干什么、干得怎样的能力，很像电脑的任务管理器检查电脑正在运行什么程序一样。完全陷入稀缺态的人，大脑内存可能 100% 被情绪占据。而一旦启动了觉察程序，则可能是 99% 的内存被情绪占据，还有 1% 的内存能发现自己被情绪控制了，这就是觉察。觉察是改变的开始，有觉察力的人才能使自己变得更好。觉察力是对思维的思维能力，是人类独有的宝贵能力。当你启动了大脑的“任务管理器”时，就能够有意识地检查一下是什么东西占据了自己的“内存”，自己的心力资源都消耗到哪里去了。以后遇到紧急状况，哪怕你还有 1% 的内存或心力，就要第一时间启动自己大脑的觉察程序，检查内存占用情况。只有清楚了自己快陷入稀缺态，才能有意识地采取措施，避免稀缺态。

很多人都有站在演讲台上大脑一片空白、胡乱应对、不知所云的经历，其背后的根本原因是自己的注意力资源被现场的状况和自己的紧张情绪耗尽了，以至于没有足够“内存”处理要演讲的内容了。接受采访时面对镜头会紧张，因为镜头的存在占了你一块内存，使你不能投入足够的注意力接受采访。倘若这时候再说错话，懊悔的情绪又被激活了，再占一块内存，更容易因为内存不够而进入稀缺态。这时候，就要启动任务管理器，进入觉察态，有意识地干预自己不要太在意镜头，把注意力更多地转移到更为重要的事情上，慢慢就恢复常态了。有一次我在接受采访的时候，觉察到自己语无伦次，就临时叫停了。给自己一分钟深呼吸，让呼吸、心跳都恢复正常。再捋了捋想讲的要点，给自己下了一个心锚：镜头占我的内存不能超过 5%。再次开始的时候，就顺畅多了。我能清晰地感受到自己的意识干预潜意识的过程，甚至能觉察到我还有大约 10% 的富裕内存。

我课堂上有一个金句：**灵感永远青睐那些有内存的人，事故专找那些没有内存的人。**在危急关头还能保持觉察是一项非常重要的素养，幸运的是，这个能力可以通过刻意练习来加强。这就需要一个心锚，在紧急关头第一时间启动。觉察程序启动了，反应模式的优化才有可能。稻盛和夫的六项精进中有一项叫作忘却感性的烦恼。想要不被感性的烦恼所左右，就得从有意识觉察自己的思维做起。

假如一个人长期处在要付出 120% 的努力才能干好本职工作的状态，那么他迟早会崩溃。稀缺态的本质是一种暂时放弃未来，忽视重要而不紧急的基础工作而把全副精力聚焦当下的短期行为。长期处于稀缺态的领导，一定会耽误一些规划未来、培养人才等重要不紧急的工作，而对这些工作的忽视必然会造成更大的被动，直到完全崩溃。我的经验是，在大多数情况下，都不要让自己的心力负荷超过全部心力的 80%，留一些富余能量去思考学习、规划未来。所以，一定要养成觉察自己精力和注意力分配和运用状况的习惯，只有不断通过觉察管理好自己的内存，才能减少处在非理性的稀缺态的频率，提高陷入稀缺态的阈值，也就是让被引爆的点越来越高，把绝大部分精力投入到真正重要的工作中去，不被感性的烦恼干扰，切实提高耐受力。

更多人的困惑在于：尽管对情绪有觉察力，发飙的当下能意识到自己在情绪状态，但可怜的觉察力还是胳膊拧不过大腿，降服不了自己内在那个已经失控的“狗熊”。这就要从情绪的无意识属性说起。很显然，情绪的反应最先是在无意识层面的，当你意识到自己发飙的时候，情绪已经起来了，交感神经已经占了主导地位，甲状腺素、肾上腺素、皮质醇已经大量分泌了，这时候即便有觉察也很难力挽狂澜了。

要根治引爆点很低的过度反应的毛病没那么简单，还要更大力度地刨根问底。动辄被引爆的毛病，是秉性使然还是后天形成？我认为更多的原因在于童年的经历。有人特别害怕毛毛虫，这显然是一个非理性反应，一个百十来斤的大活人居然怕一只半寸长的毛毛虫，一脚都能踩死两个，却为什么被吓得大呼小叫？其实毛毛虫并不可怕，问题就在于毛毛虫这个刺激物的出现，瞬间激活了这个人小时候的一段创伤记忆，荣格称之为“情结”。害怕毛毛虫的人大概在很小的时候被毛毛虫惊吓过，毛毛虫的出现激活了儿时那个被吓傻的、不知所措到只能歇斯底里哀号的创伤记忆。毛毛虫出现的瞬间，在无意识层面就启动了“战斗—逃跑”的应激模式，意识的正常思维能力就被临时关闭了。

诱发失态的可丽饼与冰棍

深挖下去，你会发现几乎每个人的神经系统都有敏感源，外在刺激只要能与早年创伤的情结模糊地匹配上，就会无意识启动“战斗—逃跑”模式。先分享一个丹尼尔·西格尔在《第七感》一书开头就讲的他自己情绪失控的故事：

一次，他带9岁的女儿和13岁的儿子看完电影后一起用餐。儿子给自己点了一小块可丽饼，女儿说她不饿，不想吃。当可丽饼上来后，香气袭人，女儿就想尝一口哥哥的可丽饼。儿子看着那块小小的可丽饼说自己很饿，妹妹要是想吃可以自己点一份。女儿坚持说她只想咬一小口尝尝味道。西格尔就建议儿子和妹妹分享一小块。再三催促下，儿子用餐刀切下来一块小得可怜的可丽饼，恨不得用镊子才能拿起来。女儿拿起“标本”，把它放在餐巾上，说“这也太小了”。儿子头也没抬，不到一秒钟就做出了回应，说她“不应该那么挑剔”。

这时候，西格尔却莫名其妙地被眼前的情境引爆了：“你就不能给她一块大一点儿的吗，至少能用肉眼看到？”儿子又切了一块稍大一点儿的可丽饼给妹妹。女儿却抱怨这块烤焦了。

兄妹二人的唇枪舌剑很快把西格尔引爆了：“我开始觉得天旋地转，但我告诉自己要保持冷静和理性。我能感到自己的脸紧绷着，握紧了拳头，心跳开始加速，但我尽量不去理会这些信号。我觉得自己已经受够了，再也受不了这种荒唐的对阵了。于是，我站了起来，拉着女儿的手，来到饼店门前的人行道上等着我儿子吃完。几分钟后，他出来了，问我们为什么要走开。我怒气冲冲地去取车，女儿被我一路拖着走，儿子在后面急忙跟着。我告诉他们，他们应该学会跟对方分享食物。儿子一本正经地指出，他确实分给了妹妹一块，但那时我已经失望透顶了，没有什么东西能让我消消气。我们上了车，我气呼呼地打着火，开车往家走。他们看上去像是刚刚看完电影、吃完点心的正常兄妹，而我则变成了气得发疯的父亲。”

丹尼尔·西格尔是很著名的心理学家，他在认知神经科学、精神分析等领域造诣都很深，还是很资深的心理治疗师，对发生在他身上的激烈情绪事件当然不会轻易放过。他做了深入的复盘，发现当时的情境激活了他自己的童年经历。他说：“我将女儿看成了童年时的我的象征，而儿子则是当时处在青春期的我哥哥的象征。我回想着很小的时候和哥哥一起玩耍的情景，还有我们都在上小学时，他如何保护我不受其他孩子的欺负。然而在他进入青春期后，我们的关系便不再融洽，也很少一起共度时光了。尽管我们成年后关系很亲密，会笑谈过去的日子，但我在当时还是觉得很痛苦的。”当西格尔看到儿子对妹妹那么吝啬的时候，一下子就点燃了他的童年创伤记忆，瞬间被“狗熊”绑架，进入非理性的状态。儿子的表现并没有离谱到哪里去，反倒是西格尔的童年创伤需要疗愈，其过度反应甚至很难理解。

觉察是改变的第一步。找到源头，才有机会面对和疗愈自己。**人生常常是童年的翻版，幸福的童年可以疗愈一生，不幸的童年需要一生去疗愈。**恰恰是童年经历的那些已经印象模糊的创伤事件，在潜意识层面起作用，结成牢固的非理性的潜意识关联。潜意识一直在运作，非常滑稽的“遇到A，则B”的非理性反应机制，意识竟然毫无觉察。这个非理性的反应一直左右着我们的决策，控制着我们的行为，而我们后天发展起来的逻辑思维不仅毫无觉察，还在想尽办法为其文过饰非。这种情况就会导致，尽管我们一直在成长，却有一部分反应模式仍然保持着童年的落后模式。后天的学历教育使我们的思维模式不断升级，但某些情境下的反应模式一直没有升级。这也恰恰是后天修身的功课，我们必须有意识地升级那些不合时宜的老版本的反应模式，否则内在总有一部分还是小孩。每个人必须面对童年创伤，疗愈受伤的内在小孩，让自己的内在小孩慢慢长大，不要动不动就过激反应，损人害己。

无独有偶，亚历克斯·罗伊德在《治疗密码》一书中讲了这样一个案例：

一位常春藤名校毕业，在华尔街闯出了一片天地的成功人士，她的事业却在重复着一种在临门一脚时把事情搞砸的失败模式，她说：“我在事业上似乎总是自毁前程。所有人都说我会成为在华尔街举足轻重的人，但每次当我有机会接近这个目标的时候，就会莫名其妙地被自己搞砸。”进一步深挖以后，发现这一切的源头可以追溯到她五六岁时的一段记忆——她妈妈给了她姐姐一个冰棍，却没有给她。

实际上，姐姐先吃完饭，妈妈就给了姐姐冰棍，她也向妈妈要冰棍，妈妈却说等你好好地吃完饭后再给你冰棍。这原本合情合理的爱，却被她幼小的心灵解读为：“妈妈爱姐姐不爱我，我不够优秀，不值得拥有冰棍。”这个记忆就被牢牢地记录在潜意识中。我敢断言，之后的她带着这样的潜意识信念解读过很多事情。她带着偏心眼的潜意识信念解读妈妈的行为，把很多没有偏见甚至偏爱她的事件都可以解读成妈妈不爱她，她不值得拥有成功。于是，这种不值得拥有成功的模式就莫名其妙地在她的事业上重复。我常说：伤害你的不是事情本身，而是你对事情不合理的解读。甚至可以说没有真相，只有不同版本的解读。这些先语言记忆和先逻辑思维记忆实实在在地影响着一个人的一生。作者说，当这些记忆被重新触发时，它们依然处于 5 个月或 5 岁大时的状态，而不是以 30 岁的理智思考过的样子。

不管是“可丽饼事件”还是“冰棍事件”，都是一个人幼年或者童年成长过程中的一小段经历，幼小的主人公因为自己弱小无能对其做了消极解读，形成潜意识的限制性信念并牢牢地将其写在潜意识里。这个限制性信念实实在在地控制着后来的决策和行为，经常让主人公陷入某种魔咒模式中不断地重复和翻版，却完全没有意识到。这个信念形成的时候，主人公的心智还没有充分发育，潜意识硬生生把两个事情做了因果关联，进而默默影响着主人公的成功与幸福。

早年建立起来的非理性无意识关联一旦被意识到，就要积极面对，就像软件打补丁一样升级原来的处理方式。假如你对某种现象非常过敏，耐受阈值很低，情绪反应激烈，就要试着追溯小时候的经历。追溯到那外界刺激远远大于应对能力的无助小孩，看他是如何过激反应的。后来，尽管你的身心都成长了，但面对类似的刺激，潜意识就抢先激活了当年的应激程序，陷入一种习惯性无助的状态，以致你后来学到的知识技能完全没有机会派上用场。因此，改进的第一步是有意识地盘点自己身上的精神“过敏源”，尤其要盘点最近引发激烈情绪反应的事件。然后追溯童年经历，找到过激反应所对应的童年“冰棍事件”或“可丽饼事件”。

老子说：“善人者，不善人之师；不善人者，善人之资。”你欣赏的人是你学习的榜样，你不欣赏的人是磨砺你的磨刀石，都是可以帮你变得更好的资源，就看你怎么利用了。**心力的本质就是要不断地升级你自己的操作系统，不断提升境界格局、思维方式和反应能力，从而持续提升你适应社会甚至影响他人的能力。**假如你遇到的人都是理想中的好人，所有事都是一帆风顺的好事，一切都岁月静好，自己的操作系统也没必要升级了。**世界从来不会为你改变，能够改变的是自己大脑的操作系统，操作系统升级了，世界也变美好了。**

觉察“情绪反应”背后的基本需求

无论是“可丽饼事件”还是“冰棍事件”，当事人的反应都是无意识的，等其意识到反应过激的时候已经晚了。情绪之所以难控制，就是因为其反应启动过程是无意识的。无意识反应不容易觉察，却也并非没有规律。我们必须有意识地觉察自己无意识反应的根源和机理，才可以有意识地干预无意识反应，通过刻意练习升级自己无意识反应模式的版本。

惯性的无意识反应模式是人在童年时在社会活动中通过无意识模仿和幼稚的心灵加工形成的，还没等到大脑皮层充分发育，惯性的行为反应模式和情绪反应模式却已经固化成型了，可以说这种反应模式的版本很低。如果一个人成年后不去有意识地觉察和升级从童年带来的那些低版本的反应模式的话，就难免受制于这些无意识的低版本反应模式。很多人的人生都是童年经历的无意识翻版。修身的责任就是用成年后的心智主动升级迭代早期形成的低效能版本的反应模式。

要升级低效能版本的反应模式，首先要学会有意识地觉察自己的反应模式。觉察就是自己有意识地回顾、分析自己的行为。用一个“旁观的我”看那个“事中的我”。过激负面情绪反应的本质是我们内在的“狗熊”被惹炸毛了，动物处在炸毛状态就会不顾一切地拼命，即进入“战斗—逃跑”模式。问题是“狗熊”什么时候会炸毛？炸毛的根本原因是自己最在乎的东西不能得到或被剥夺。我以为，内在“狗熊”有四大最基本的需求，如果这四大基本需求的某一个或多个不能被满足或受到侵犯时，内在“狗熊”必定炸毛。

第一个基本需求是安全感。身体或心理感受到某种威胁，没有最基本的安全感的话，我们很容易进入“战斗—逃跑”模式。进入陌生环境，人们的防御意识自然会加强。一旦内在“狗熊”识别到危险就会宣布戒严，就无意识地炸毛了。

第二个基本需求是满足感。生存的最基本的物质和情感需求要满足，如吃饭穿衣。婴儿一旦大哭大闹，多半是因为某种基本需求没有被满足。比如饿了、渴了等，这都是无意识反应。

第三个基本需求是归属感。可以从两个方面去理解，一方面，孩子有了自我意识之后，意识到某些东西属于自己，不容被侵犯。动物都有地盘意识，孩子在这方面跟动物相似，他们意识到“这个玩具是我的”，谁也不能拿走，他开始捍卫自己的地盘；归属感的另一个含义是“我是属于某个系统的成员”，在社会活动中，孩子会逐渐意识到自己属于某个系统，如家庭、班级等，当他感觉到被其他成员排斥时，归属感就受到了侵犯，照样引发“狗熊”炸毛。

第四个需求是效能感。孩子就喜欢不断地关灯开灯，通过关灯开灯来感受他对灯光的控制，然后特别高兴，这让他体验到了效能感。效能感也可以理解为控制欲的满足，局面失控必然引发愤怒、恐惧、焦虑等负面情绪。

安全感、满足感、归属感、效能感是内在“狗熊”的基本需求。一旦这四大需求中的一个或多个没有被满足，就会在无意识层面引发内在“狗熊”炸毛。当你能够觉察到隐藏在过度反应背后的未被满足的基本需求之后，就能够理性地运用更高的智慧、用更恰当的方式满足这些需求。

无论自己的“狗熊”炸毛还是别人的“狗熊”炸毛，都需要被觉察。所以要养成觉察自己内在“狗熊”的习惯，也要善于觉察别人的内在“狗熊”。每个人的内在都有一个没长大的小孩，父母要成为合格的父母，首先要学会跟自己的内在小孩打交道。如果你不会跟自己的内在小孩打交道，其实你也不会跟自己的孩子打交道，更不会跟别人家的孩子打交道，也就当不好家长和老师。学会跟自己的内在“狗熊”打交道，觉察内在“狗熊”的基本需求，陪伴内在“狗熊”成长是每个人的功课。

“可丽饼事件”的主人公为什么发飙？他儿子对其妹妹吝啬的情境一下子激活了他小时候受哥哥打压的创伤回忆。小时候因为哥哥打压而缺失的满足感以及压抑的效能感被激活，进而无意识地启动情绪反应。全过程都在无意识的冰山下悄悄进行。再看“冰棍事件”的主人公，童年有一个冰棍的需求没有被及时恰当地满足，而这个没有被满足的感觉在她幼小的心灵中引发了联想，她觉得自己不值得，觉得自己不是家庭核心成员。这段记忆和解读，让她的满足感、归属感，甚至效能感都受到了伤害，就形成了创伤的情结，此后遇到类似情境，就会触发她那种“我不值得、我不重要、我没有能力”的无意识信念。继而引发情绪反应，不自觉地被一种非理性状态控制。

有位家长在教孩子刷牙的时候，孩子有点磨磨蹭蹭。他从孩子的眼神里解读到一种抗拒或者挑衅的感觉，瞬间进入炸毛状态，摁着孩子的脖子，拿牙刷在嘴里来回硬刷，直到孩子嚎叫不止，他才突然清醒过来。事后他非常自责，反问自己：“这是一个父亲的所作所为吗？”这个情绪反应完全是无意识启动的。在我的引导下，他经过很长时间的觉察和复盘，找到了自己的过敏源，即对挑衅信号特别敏感且易触发过激反应。原因可以追溯到他在小学三四年级时候的创伤。当时他们班上有个同学跟他闹矛盾。该同学与自己的哥哥曾多次在放学的路上欺负他。有一次实在被逼急了，他趁那哥俩不防备，把同学踢倒受伤。幸运的是没酿成大祸，后来他妈妈带着他登门给人家道歉，他虽然一直低头认罪，但内心深处的效能感和成就感却难以掩饰。此后，他就很容易把别人的拒绝或不配合过度解读为挑衅而引发过激反应。工作后当了管理者，他也只能领导那些听话的员工，领导不了有个性、有主见的人才。很容易把下属的不同意见过度解读为挑衅，继而引发歇斯底里的反应。

只有找到内在“狗熊”过激反应的过敏源，才有机会有意识地迭代更新小时候形成的过激的无意识信念。当一个人意识到自己特别在乎效能感的时候，就会刻意地觉察和控制，有意识地提高自己过激反应的阈值。长时间进行有意识的觉察和控制之后，就会形成更高级模式的自动化反应。内在“狗熊”反应模式的升级，是一个“有意识地学，无意识地用”的过程，只有反复觉察复盘，增强意识，才会逐步训练成无意识的自动反应。

情绪引发后要复盘的四步存养框架

当我们的安全感、满足感、归属感或者效能感没有被满足的时候，就会触发无意识的信念系统，进而启动防御性的情绪反应，过激反应的结果往往事与愿违，对我们是低效能的，不是有危害就是过度消耗。客观上讲，这种反应模式在我们小时候曾经保护了我们，在我们无意识层面深信不疑。而今我们已经长大了，心智和智慧也已经充分发展了，而反应模式还是低版本的，就显得不合时宜了。

情绪管理中有一个著名的 ABC 理论，由心理学家埃利斯创建。A 是事件，B 是事件背后的信念，C 就是这个信念带来的一个结果。其实，造成 C 这个结果的，不是事件 A 本身，事件是外来的，我们没法阻止它，而是我们对事件的理解和解读，及背后的信念 B。无意识信念引发了情绪，当你意识到的时候，情绪已经引发了。

要改进这个局面，就必须有意识地觉察引发过激反应的无意识信念，审视到底是因为缺乏安全感、满足感、归属感、效能感中的哪一个或者哪几个造成的。必须把触发过激反应的无意识信念找出来，让这种无意识信念走进意识，然后用今天的智慧，把不合时宜的无意识信念 B 升级成更理性更恰当的 B'，然后通过大量的刻意练习，再把 B' 植入到无意识中形成自动反应，从而完成反应系统的迭代升级。

王阳明有句话叫作：“省察是有事时存养，存养是无事时省察。”省察和存养有什么区别呢？事件发生之后，要进行复盘，这就是存养。我经常讲：**有情绪，必复盘。**因为过激的情绪反应是一种低效能模式的反应，这种低版本的反应模式值得我们有意识地去觉察，然后通过觉察将其替换为高版本的反应方式，这就是所谓的“**有意识地修，无意识地用**”。多次刻意练习之后，你的自动反应版本就会提高。

先给大家介绍一个用于存养的复盘框架，运用 ABC 理论做情绪复盘。ABC 理论中的事件 A 可以理解为外界输入，C 是结果输出，B 是内在思维过程，通过复盘反思升级迭代 B，学习者的内在才会发生改变。复盘可以按照 ACBB' 四个步骤进行。第一步叫事件回放，就是回放 ABC 中的 A；第二步叫效果评估，评估结果 C；第三步叫原因分析，分析从 A 到 C——从刺激到反应——中间的 B，考察是什么核心诉求没被满足而导致内在“狗熊”炸毛；原因分析之后，第四步要尝试反应重构，用今天的知识和智慧，努力把反应模式升级到 B'。

举例来说，某设计公司主管设计的副总裁，接到某 VIP 客户一个特别紧急和重要的设计订单，他就安排给他手下最得力的设计师去干，要求一小时出结果。一小时后，设计师拿出一个初稿。副总裁一看大失水准，根本不能代表其水平，于是他的内在“狗熊”就炸毛了，在工作群里大发雷霆，毫不留情地痛斥一番并打回去让设计师修改。让他更加失望的是第二稿更差，甚至还不如第一稿。他干脆换了设计师。第二天，他收到了这位设计师的辞呈，事情陷入难以挽回的被动境地。事后，他才从侧面了解到，那位设计师的女儿那天发高烧住院了，她的心情也不好，状态很不佳。

我们用 ACBB' 框架对该事件做个复盘。

首先，事件回放。设计师的作品低于副总裁的心理预期，因此引发了副总裁激烈的情绪反应。情绪反应并非无缘无故，只是原因常常隐藏在潜意识层面，复盘就是要有意识地分析情绪反应背后的潜意识信念和未被满足的基本需求。

其次，效果评估。副总裁真正想要的是设计师快速的高水平响应，结果却换来了设计师的辞呈。人才流失显然不是他想要的结果，结果与期望的效果相去甚远，就非常值得深挖从刺激到反应之间的潜意识算法。

第三，原因分析。副总裁为什么会引发情绪反应？可能是满足感缺失，甚至有可能是觉得设计师不听指挥，副总裁的效能感缺失；抑或把设计师的成果解读为挑衅，让其很没面子。满足感、效能感、归属感都有不同程度的缺失，其内在“狗熊”就炸毛了。

最后，反应重构。理性地分析一下，副总裁所期望的高效的、高水准的响应只有设计师处在轻松的、创造性的内在状态下才能出现，状态才是决定作品质量的水下冰山。如果副总裁能够意识到这一点，就很可能启动探究模式而非指责模式，可能会问：发生了什么情况导致设计师今天不在状态？这样就很容易搞清事情的真相。反应方式就可能是赶紧派人去医院看望设计师的孩子，让设计师没有后顾之忧，专心投入工作。抑或干脆让设计师先照顾好家里的事，换人设计。

假如副总裁运用了 ACBB' 框架，下次对类似的情况的反应模式就不再是不问青红皂白地指责，而是探究引发表现失常背后的状态，用一个理性的算法替代本能的防御，反应模式升级了，领导力水平自然就提高了。

这四个步骤我称之为存养框架，当我们从情绪中走出，恢复理智之后，用理性方式审视自己的领导方式是否有效，思考如何升级迭代自己的反应模式以获得更好的效果，而不是放纵自己的内在“狗熊”，重复儿时习得的低效能反应模式。我经常说：**“领导力不看广告，看疗效。”**无论你说了什么或做了什么，只要你的领导行为没有引发下属高效能的反应，就应该复盘迭代自己的行为模式，用更赋能的行为模式替代防御本能的低效能行为模式。复盘的目的正是有意识地觉察、提升，存养是无事时的省察，存养的目的就是持续优化动物本能的低效能反应模式，以便于以后遇到类似情境时能够启动更理性的高版本反应模式。

情绪引爆前须启动的三步省察框架

事后复盘毕竟是一种亡羊补牢的方式，除事后复盘外，还有没有防患于未然的更好模式？答案是：有。前提是在情绪即将发作的当下能够启动省察程序。王阳明说："省察是有事时的存养。"省察的关键是要在情绪方兴未艾、即将爆发之时，用仅剩下的那点理智启动省察程序。想要做到临事省察还是很难的，因为情绪常常是在无意识状态下悄然启动的。我在实践中发展出一个问自己三个问题的临时省察框架。一旦开始问自己问题，理智就开始恢复，理性的参与和制衡就会终结任由情绪撒泼的局面，收到防患于未然的效果。

第一问：**我这是怎么了？**在情绪即将发作的当下，显然是生理系统即将走出稳态，内在"狗熊"在抢夺对大脑的控制权。问自己"我这是怎么了"实质上是问自己内在"狗熊"是因为什么基本诉求没满足而引发了情绪反应，内在"狗熊"也需要被看见和被理解。假如前文提到的那位主管设计的副总裁能在情绪临爆发之前问一下自己："我这是怎么了？"就有机会觉察到自己的内在"狗熊"是因为满足感、效能感以及归属感（面子）的缺失而激发了情绪反应。

第二问：**我要的是什么？**内在"狗熊"的反应方式是蛮横撒泼的低版本模式，通常只会让事情朝着越来越糟的方向发展。第二问的目的是让理性占上风，明确自己想达到的目的，以终为始地思考如何解决当下的问题。假如副总裁能够问自己："我要的是什么？"即可以觉察到自己真正要的是能够代表公司水平的好作品。

第三问：**我该怎么办？**旨在彻底摆脱情绪的困扰，启动理性思维探究更明智、更优雅的反应模式。副总裁想要的好作品必须是设计师在好的状态下才能设计出来的，一味指责只会使对方的状态越来越糟糕，水平自然会越来越差。该怎么办？就要探寻导致对方状态不好的根本原因，消除根本原因，才会让对方有一个上乘的表现。

情绪即将发作之际，快速启动省察程序，问自己这三个问题。长时间刻意练习之后，反应模式的版本自然会升级。我相信，孔夫子能做到“温、良、恭、俭、让”，且能够“年逾七旬，从心所欲而不逾矩”，也是长时间修炼出来的。

至此，给大家介绍了一个存养框架，一个省察框架。存养框架是帮你事后复盘的，省察框架是帮你事前觉察的。这两个框架可以交替使用，互相补位。通过各种工具的组合应用，让你能够提升耐受力。提升了耐受力，你的桶底就不漏了，就能够把原来的低效能反应模式升级成更理性、更优雅的高效能反应模式，使你的人生效率越来越高，使你成为一个高效能的人。

在与孩子的相处中修炼自己

提升耐受力就是要学会跟自己的内在小孩打交道。这就自然引来一个问题，提升耐受力和教育自己的孩子有没有关系？当然有，而且关系密切。先从一个案例说起：

有学员问：孩子在学校欺负同学怎么办？孩子欺负同学只是表象，必须探究表象背后的动机。也就是孩子内在“狗熊”的四大基本诉求哪一个没被满足而表现出打人行为。有可能是效能感，他通过欺负弱小的孩子来获得效能感，证明我比你强，享受那种我能降住你的感觉；有可能是满足感的缺失，对方抢了他的玩具，让他很不开心；还有可能是安全感的缺失，对方用语言威胁他，把他激发成“战斗—逃跑”状态；也有可能是归属感的问题，两人不是一个圈子的。四种可能都有。

家长要通过耐心地询问，探寻孩子行为背后的动机，了解其内在“狗熊”的真实诉求，然后就可以对症下药。解决策略也有两个方向。第一，转移。假如孩子通过打人的方式获得效能感，把自己的效能感建立在别人受伤害的基础上，那么，在激发孩子与生俱来的同情心的同时，要通过把孩子的效能感转移成更积极健康的方式来满足，比如跳绳，你比别人跳得更多不也是效能感的满足吗？第二，管控。孩子自己管不住内在“狗熊”，大人可以适当给点外力干预，让孩子有所畏惧。让他意识到虽然通过打人获得了效能感，但同时又带来了新的危险。总之，对孩子的教育特别考验家长自己跟自己内在小孩打交道的能力，一个不能很好地跟自己的内在小孩打交道的人，也很难跟自己的孩子打交道，更难跟别人家的孩子打交道，因为人类身上的动物性部分是一样的。每个人身上都有动物性残余，能够跟自己的内在“狗熊”和平相处，管教自己的孩子相对就容易些。孩子只是动物性部分偏多，管教孩子的本质是帮助孩子渐渐学会管控自己的内在“狗熊”。

洞察人性从洞察自己开始

前文讲的事后存养框架，通过事件回放、效果评估、原因分析、反应重构（ACBB'流程）来觉察复盘，其根本目的还是有意识地升级自己内在“狗熊”的反应模式，是自己帮自己的内在“狗熊”掌握更好的反应模式。同样，临事省察框架，问自己三个问题：“我这是怎么了？我要的是什么？我应该怎么办？”其本质也是启动理性自我和内在“狗熊”的对话，探寻自己的内在“狗熊”因为什么基本诉求没满足而引发了防御情绪。问的是你自己内在“狗熊”的四大诉求的缺失。只要你反复地运用事后存养和临事省察框架，就能逐渐提升自己与自己的内在小孩打交道的能力。当然，稍加改变就能同时用于管教自己的孩子。当孩子情绪失控的时候，就变通一下问自己：“**他这是怎么了？他要的是什么？我该怎么办？**”前两问意在探索孩子的基本需求，最后一问其实是向自己的潜意识征询应对策略。

无论谁炸毛，都是因为四大基本诉求的一个或多个没满足，你可以用这个理论分析所有情绪冲突事件，可以分析自己，也可以分析别人，也可以分析公众关注的事件。分析多了你就逐渐具备“洞察人性，率性而为”的能力。洞察人性要从洞察自己开始，先学会与自己的内在“狗熊”打交道。除四大基本需求外，内在“狗熊”还有一个更核心的需求，就是需要被看见。很多时候内在“狗熊”发飙是因为被忽视，没有被及时看见，于是内在“狗熊”不得不用更大的动作表达。与自己的内在“狗熊”相处的原则是，不为难，也不放纵。长期为难“狗熊”容易导致习得性无助，“狗熊”没有做事的动力。而“狗熊”被压抑过度了还可能报复性反弹，很多恶性事件都是因为当事人被过度压抑导致崩溃所致。放纵内在“狗熊”更糟糕，“狗熊”一旦撒野成性，就越来越容易炸毛，越来越难控制。有教养的“狗熊”都懂得节制。我总结出与狗熊打交道的十四个字：**“不放纵，不压抑，及时看见，有限满足。”**

引导孩子用健康的方式满足四大基本需求

教育孩子的重要任务是帮助孩子从小养成好习惯。从脑科学的角度看，习惯无非是愉悦回路的建立。而愉悦回路是靠释放多巴胺建立起来的。对孩子而言，四项基本诉求被充分满足，脑内释放多巴胺，久而久之形成愉悦回路。教育孩子最重要的工作是引导孩子建立积极健康的愉悦回路，帮助其用积极健康的方式释放多巴胺，用积极健康的方式满足四大基本诉求。

首先，是安全感。长期缺乏安全感的孩子，很容易进入自我防御状态，更担心环境的变化给自己带来新的不安全因素，即便长大后身体和情绪也长期都是紧张的，很难真正地放松，似乎随时都准备进入“战斗—逃跑”状态。小时候缺乏安全感的孩子长大后更倾向于守旧，好奇心和冒险精神不足。独立性也差一些，潜意识里总希望找个人庇护；因为很容易进入防御态，表现出较强的攻击性，合作性也差一些。安全感强的人多积极归因，凡事都朝好处想。缺乏安全感的人大多消极归因，凡事都朝坏处想，担心各种风险。孩子的心灵是很脆弱的，小时候因为缺乏安全感而形成的习惯性防御非常影响孩子的成长。

某种意义上讲，人人都不同程度地缺乏安全感，差别在于靠什么方式获得安全感。每个人获得安全感的方式不一样，有人通过交朋友获得安全感，有人通过努力学习获得安全感，有人拼命挣钱……家长和老师要引导孩子通过自己的努力获得内在的安全感，靠努力和能力立足，活得心安理得。自己给自己挣来安全感，而不是靠环境的施舍。

其次，是满足感。缺乏满足感的孩子竞争性比较强，生怕别人抢走了属于自己的东西，当然也相对贪婪。满足感可以是物质需求的满足，也可以是更高层次的精神满足。满足感还有及时行乐的当下满足和愿意忍一忍获得更多的延迟满足。延迟满足是成大事者的共同特征。

家长和老师要尽可能把孩子的满足感引向更高层次的精神追求，更要刻意培养孩子的延迟满足能力。延迟满足靠的是抵御诱惑的意志力，我把意志力称为精神肌肉，也是可以通过相关锻炼提升的。

第三，效能感。小孩子通过不断重复开灯、关灯的动作，看灯泡因为自己的控制而变亮变暗，就是在体验自己的效能感。蒙氏教育就特别注重培养幼童的效能感，鼓励孩子通过各种亲身体验来感受自己的能力，获得效能感。效能感是自信心的源泉，效能感强的人自信满满，喜欢接受挑战，更乐意通过自己的努力来改变一些事情。缺乏效能感的人相对就缺乏自信，甚至会自卑。

家长和老师对孩子管教太严，会无形中剥夺孩子提升效能感的机会。家长替孩子做得太多，孩子体验到的通过自身努力获得回报的机会就越少。家族很容易一代强一代弱，底层的原因就出在效能感。强势的父母习惯了一切都做主，剥夺了孩子很多决策的机会，反过来怪孩子。我经常讲，家长在情绪状态下教训孩子的真相是两只“狗熊”的效能感之争。管得太死了，孩子是听话了，但效能感也没了，把孩子培养成巨婴，贻害终身。所以，家长要有意识地给孩子心理空间，给他决策和独立思考的机会。

最后，归属感。归属感有两重含义，第一重是个体的地盘和边界意识。归属感缺乏的人边界清晰，爱面子，稍有受侵犯的感觉，就像天塌下来一样。第二重是个体在圈子中的地位。每个人背后都有多个圈子，在每个圈子里都有自己的地位，这个也是归属感。在圈子里受到排挤，地位低下的个体就相对缺乏归属感，总觉得人微言轻。当然，人微言轻的好处是不必有开拓精神和担待力。缺乏这种归属感的人会觉得自己不值得、不重要，凡事也不愿意冲在前面，分配成果的时候也自甘躲在后面。

老师和家长要培养孩子的共享意识和团队意识，给孩子承担集体责任的机会。团队中，总是责权利对等的，承担的责任多了，在团队中的地位就高了，归属感就强了。归属感强了，团队的责任意识和担当精神也就培养出来了。最忌讳的是以剥夺归属感的方式威胁孩子，比如，再犯错误就不要你了。孩子不辨真假，他们幼小的心灵最害怕这样的语言。在原始社会，任何个体的离群索居都意味着死亡，被同类排斥的痛苦在心理学上叫作社会疼痛，这种疼痛比身体受伤害的疼痛还要折磨人。

总之，有足够的安全感才不会因循守旧，并富有开拓精神和冒险精神；有足够的满足感，尤其是高层级的精神满足和愿意隐忍的延迟满足，这样的人更愿意干大事情；有足够效能感的人更自信，更愿意接受挑战，更喜欢用自己的方式改变世界；归属感强的人更有富足心态和家国情怀，更有担当精神，更具多赢思维。成长过程中最底层的四大心理诉求满足方式，对一个人的成功至关重要。我还发现，那些在事业上遇到瓶颈的人，其困境都可以追溯到童年的四大心理诉求的满足方式上。比如，有个大老板很难做到深度信任他人，就与其小时候极度缺乏安全感有关。

■ 教导孩子与教导自己同时进行

一个人给不了别人自己不曾拥有的东西。 童年缺爱的人在主观上很渴望爱自己的孩子，希望给孩子更多的爱。可现实中，当孩子犯了错误惹自己不高兴时，又控制不住想打孩子的冲动。有人不自觉打了孩子之后，又懊悔地把自己关在房子里。好好爱孩子是他们意识的想法，可童年时的他们从父母那里习得的唯一与孩子相处的方式是打骂。除了打骂，他们不知道该如何与孩子相处。因此，很多童年受过创伤的年轻人选择婚后丁克，他们的理由是自己童年过得很苦，又觉得自己不具备给孩子爱的能力，所以干脆选择不要孩子。我的观点恰恰相反，正因为自己童年的创伤需要疗愈，才需要多要几个孩子。**管教孩子的过程恰是看见和疗愈童年自己的契机。**

我跟一位易怒的年轻爸爸说："孩子的言行激怒的不是现在的你，而是童年的你。你对孩子发火实际上是无意识地重复你父母当年管教你的模式。每到这时，要觉察你内在那个童年的你，觉察他的哪些需求没被满足，他需要什么。同时也要觉察孩子的感受和需要。

每一次与孩子相处，都是教导孩子和教导自己同时进行。这样，与孩子相处就不再是借家长的地位单方面强制要求孩子改变，而是与孩子相约共同成长。”**看不见自己的人也看不见别人**，学会看见自己的内在小孩，也就学会了与孩子相处，继而可以提升跟任何人相处的能力。

第三章

连接力：在良性关系中成长

人是社会性动物。当我们还是猿猴的时候，离群索居对个体就意味着死亡。有一种疼痛叫作社会疼痛，就是被群体其他成员排斥或欺凌时的疼痛感受。有意思的是，身体疼痛和社会疼痛激活的是同一块脑区，不同的痛苦，同样的反应。所以，与人连接是人的基本诉求。当人们感觉到被信任、被接纳，成为某个群体或者某个团队的一员时，就会感觉很幸福。相反，当人们被孤立、被排斥的时候，则很痛苦。个体只有融入团队才会获得支持的力量，就像一滴水融入大海才不至于被蒸发一样。良好的社会关系是决定一个人是否成功与幸福的关键要素。显然，与人建立关系的能力自然也是心力的重要构成部分。

事实上，你跟任何人的关系其实都可以是、也应当是陪伴成长与协同进化的关系。当你觉得跟有些人很难相处，觉得大家不是一路人的时候，本质上是你自己与人连接的能力不足。

回首我的偏颇时期

2013 年的一个平淡而特别的机缘让我意识到自己人生的头四十多年活得很偏颇，人生原本是有 A 面和 B 面的，而我只沉浸在 A 面，却还自以为是地笑话那些活在 B 面的人。

那时候我的职位是用友大学校长，自以为读书很多，也出了本畅销书，内心特别自信，优越感极强，表现得很清高。我参加了一个课程的学习，在班上也不爱与人交流，自认为同学们没有资格跟我交流，虽然我个子不高，但走路都往天上看，现在回想起那种恃才傲物的状态会觉得自己真傻。那个班上有一个特别感性的同学，她跟我一样爱举手发言。我总是试图从逻辑上厘清课堂的内容，而她的发言总是在问能量、状态、连接之类的问题。在我看来，她思维跳跃，毫无逻辑，她的提问无异于搅局。所以她一张口，我就皱眉头，特别不喜欢她。

上课期间的午饭是同学们自由组合统一点餐，然后 AA 制分摊的。吃午饭的地方距离上课的地点一公里多，大家成群结队地走着去，又走着回。有一次，吃完饭我去了趟洗手间，出来的时候发现大家都散了，我就单独往回走。不经意一回头，发现我很不喜欢的那位同学也落单了，就走在我的后面。我不想跟她聊天，就下意识地加快脚步，想甩开她。这时候，她在后面叫我："田校长！"这使我放慢了脚步。

她说："我能感受到你不大愿意跟我连接欸。"我连忙解释说："哪里哪里，我就是这样的风格。"她说："你别瞒我，我能感受到你的内在状态。"她的话很直接，我有点被当众戳穿的尴尬。她接着说："其实，你跟我的能量很互补，你逻辑思维能力极强，而我的感受力和连接力很强。我发现你基本上不跟别人连接，就活在自己的逻辑世界里。能量互补的同学才是最好的学习搭档。"她这番话我只当是寒暄之语，并没有引发我的思考。后来她就跟我聊她在课堂上的感受和收获，品评老师的风格，点评同学的表现。让我吃惊的是，同样的课，她听到的和我听到的差异巨大，仔细想想她的话也都有道理，与我的归纳总结完全互补。那一刻，我突然意识到自己读了这么多书，却并不能解读别人的内在状态。不能很好地与人连接，读书又有什么用啊？书籍并没有让我变得高尚，反倒让我更高傲。那天，我直接被她的这番言论"打蒙了"。

此前的我活在逻辑的管道中，徜徉在概念的世界里，根本不与人连接，还自以为是，其实自己什么也不是。作为一个教育工作者，工作的舞台就在学生的心里，而我自视清高地不与人连接，连学生的心门都不能打开，纵有十八般武艺也没有用武之地呀！就在那一公里路程的聊天中，我痛彻地意识到自己身上的严重短板。我理解了为什么我喜欢读逻辑性强的书，而感性的书我根本读不下去。我读书还很功利，那时候连文学作品都不愿意去读。而这些偏见都是由我身上缺乏感性元素造成的，我根本欣赏不了那些走心的作品，硬生生把自己彩色的人生活成了黑白的。

被棒喝的我当天就做了一个重要决定，那就是刻意练习自己与人连接的能力，开发自己的感性元素。此后的每个课间我都有意识地与这位同学连接，课堂练习时有意识地跟她一起搭档。坦率地说，最初的感觉很不舒服，但我学过的教育学、心理学知识告诉我，**有意识地走出舒适区才是真正的学习。**后来我经过多年的刻意练习——有意识地逼自己走出舒适区刻意感受他人的状态并主动与人连接。在练习中才一点点体悟到曾经读过的精神分析心理学、系统排列、教练技术等背后的能量。纯粹用逻辑思维读书，很多书永远都不可能读懂。

几年下来，我的感受力、读心能力、共情能力都得到了极大的提高。我跟一个人聊几分钟基本上就能感受到他的内在状态，甚至能推断出他大概的家庭背景和成长经历。原来我的连接力有很好的天赋，只不过以前惯用逻辑思维，将其屏蔽了。

人的发展是多个维度的，受天赋和早期学习经历的影响，大脑开发的程度不同，有的人智商高，有的人情商高，有的人思维敏捷，有的人感觉敏锐。但别忘了，优势的过度使用也会抑制你大脑其他机能的发展。因此我说，**修身的方向在你优势的阴影里。**每个人都有足够的发展空间，关键是你要意识到自己的不足并有意识地发展。你的短板可能是别人的强项，照理说提高短板的最佳方式是多跟与你优势互补的人交往，相互扬长补短。而现实却是物以类聚，人以群分，人们更喜欢与自己同质的人交往，活在自己的管道里，把别人的优势说得一文不值。

电影院要关了灯才能看见电影，同样的道理，适当屏蔽逻辑思维，才能提升感受力和连接力。聪明人都懂得分片分区地开发自己的大脑，在不同脑力之间切换，保持正念的时候只专注感受而屏蔽思维；与人连接的时候则要更多激活读心和共情的脑区，而少一些评判。大脑像一套组合开关，有多种组合开发和使用方式，一辈子只处在某一种状态下却刚愎自用地鄙视那些跟自己状态不一样的人，岂不显得鄙陋？你鄙视的人身上往往有你缺乏的某些元素，你的鄙视很可能是潜意识层面的嫉妒被意识合理化了的结果。我这个观点跟传统的发展优势观点不太一样，但并不矛盾，在职场的早期发挥优势很重要，到了三四十岁时就应该直面自己的短板了。因为你的优势已经发挥到极致了，水平也就这样了，再发挥优势也不会有太大的发展空间了。只有捡起短板来弥补，才能拓展新的发展空间。任何人都需要深度学习、立体精进。

童年缺爱后遗症

连接力得从小时候的成长经历说起。我们生下来的时候是非常弱小的，吃喝拉撒皆仰仗父母，三年才能免于父母之怀。人生的头几年与父母之间形成的互动模式会影响我们一生。在交往中，你会无意识地翻版早期与父母形成的关系模式，你与任何人的关系都始于与父母的关系。婴孩没有语言表达能力，也没有逻辑思维能力。在先语言、先逻辑时期，孩子如何表达自己的需求，父母又如何解读并满足孩子的需求，孩子习惯采用什么样的方式来获得自己想要的东西，这就逐渐演化出孩子与父母之间的依恋关系。

有的孩子就喜欢用夸张的情绪来发信号，如果他的需求不能被父母正确解读的话，他就夸张地表达，爆发激烈的情绪，即所谓会哭的孩子有奶吃。这种孩子就会逐渐发展出**矛盾依恋**模式。另外一些孩子，似乎天生就是乖宝宝，听大人的话，尽量压抑自己的需求，即所谓听话的孩子有糖吃。这种孩子就逐渐发展出另外一种依恋模式，叫作**回避依恋**模式。当然，理想的状态是，父母总是能恰到好处地解读孩子的需求，孩子也总能够用既不夸张又不压抑的方式来表达自己的需求。这种孩子就会发展出**安全依恋**模式。也有些孩子，可能由于父亲和母亲的风格差异很大，比如父亲很彪悍、母亲很温和，或者父母中的一方喜怒无常、爱恨不定，孩子常常不知所措，就可能发展出**紊乱依恋**模式。

天底下没有任何爱可以替代父母的爱，**你跟任何人的关系都是早期跟父母关系的投射和发展。**成年后，依恋模式依然在无意识层面影响一个人的人际交往风格。如果你是矛盾依恋模式，就善于夸张地表达情绪；如果你是回避依恋模式，就可能更倾向于压抑情绪；如果你是安全依恋模式，就能比较好地把握人际交往的尺度；如果你是紊乱依恋模式，在人际交往中的表现就可能不稳定。

不同表现背后的缺爱本质

到三岁左右，一个人的依恋模式就基本形成了，我认为孩子的依恋模式形成既受天性的影响，也受父母的依恋模式影响，即父母小时候是怎么被对待的。孩子渐渐长大以后，智力有了一定的发展，又有另外一个因素会影响孩子的人际风格，那就是父母给孩子的有条件的爱。比如，你这回期末考试考个全班第一，就给你买个自行车。即你要做到什么事情，才会给你一个什么奖励，这就是有条件的爱。巴甫洛夫训练狗的方法就是为其获得食物附加额外的条件，用刺激—反应的方法促其形成固定的反应模式。孩子小时候人格还不独立，为了获得什么奖励，就不得不做一些事情，就使其注意力和精力不能自主支配，而是依赖外在。久而久之，各种各样的不独立表现就形成了。**所有不独立，都是小时候为了获得安全感、满足感、归属感和效能感而不得已扭曲自己形成的。**如果不刻意觉察和纠正的话，这些扭曲的风格会一直在无意识层面伴随着你。

讨好型的学生见面就问我："田老师，你看我最近有没有进步？"他总想知道自己的表现是不是符合别人的要求。指责型的人通常的口头禅是："我今天的失败都怪……"反叛型的人喜欢挑战各种权威。拯救型的人则觉得别人都离不开自己。牺牲型的人总是认为自己不值得，甘愿默默地付出。无论什么类型的不独立都会额外消耗能量，使其不能做自己，精力不能自主支配。我就见过一个不独立的典型，特别喜欢证明自己。我说他不是在证明自己，就是在证明自己的路上；不是在吹嘘自己，就是在吹嘘自己的路上；不是在挑衅别人，就是在挑衅别人的路上；不是在与人争辩，就是在与人争辩的路上。时时处处都想争胜，都想彰显自己的优越，而恰是这种争胜好强的模式使其不能成为独立的自己。只要有人说他不优秀，他就要跟人争辩。**不独立的人总是焦点在外，生命能量的阀门被别人握在手中。**

几乎所有的不独立都是因为内在小孩没有长大，过分依赖外在。本质还是小时候依恋模式及有条件的爱留下的后遗症。牺牲是对缺爱状态的臣服；指责是对缺爱状态的抗议；反叛是为摆脱缺爱状态而做的抗争；拯救源于对缺爱者的同情；加害是因缺爱引发的报复；讨好是对所缺爱的乞求；回避是因缺爱而自甘枯萎。不同类型的不独立，都有内心独白的潜台词。

- 讨好型：只有你认同了我的好，我内心才踏实。
- 指责型：我永远都没错，就算有错也是你之前的错造成的。
- 反叛型：凭什么要听你的，我有自己的想法。
- 拯救型：情况很糟，我不出手怎么办呢?
- 牺牲型：总得有人吃亏，只要大家好，我吃点亏没什么。
- 回避型：我也无能为力，躲远点，实在不行就拖着点。
- 加害型：你敢不服？看我怎么收拾你。

表现不同，本质却都是内在小孩缺乏安全感、满足感、归属感或效能感所致。可以说，身体长大了，心并没有长大，形体成人了，精神还是小孩。这些不独立的表现都是内在小孩因缺爱而采取的防御措施！

这些不独立的表现都是源自童年社交活动中无意识形成的模式，成年后不去有意识地觉察和提升的话，很可能伴随你终生。不独立的防御模式很容易被激活。比如两口子吵架，其本质是两个小孩打架。因为一吵架，彼此的内在小孩状态都被激活，回到 12 岁之前在原生家庭中无意识模仿习得的反应模式，触发条件无外乎是四大基本诉求中的一个或多个未被满足。两口子的内在小孩都因为四大基本诉求的缺失而进入稀缺态所激发的防御反应，这种防御反应就像“狗熊”炸毛一样，是野蛮的、非理性的、低效能的。更可怕的是，每次激活都是给这种模式赋能。假如这种野蛮的防御模式奏效，对方向你妥协，内在“狗熊”尝到甜头后就会更容易炸毛，反应的阈值越来越低。假如两口子吵架的场景被自己的孩子看见，孩子会向谁学？孩子理性脑还没有充分发育，尚不能分辨孰对孰错，却很容易感受孰强孰弱，孩子就会向“彪悍”的一方学习。孩子会通过模仿感受的方式无意识习得父母中更彪悍一方的防御反应模式。我有个学生感慨地说：“我老婆是名校硕士，平时温文尔雅，一惹急就变成河东狮吼了。”内在“狗熊”一旦炸毛进入防御态，任何人都会激活早期依恋模式所形成的防御姿态，后天受过再高的学历教育都无济于事。同理，大人对小孩发飙的本质是什么？是一个大小孩欺负另外一个小小孩，大人一旦发飙，也进入在原生家庭中无意识习得的小孩态，成为一个身强力壮的大小孩。这位大小孩身上还有三张王牌：第一，我是你的监护人，管教你是合法的；第二，我力气比你大；第三，我还有一个特别好的借口——“这都是为你好”。大人的本意是帮助小孩成长，却无意中被小孩拖入孩子式的防御态，是很搞笑的事情。这还不是最可悲的，最可悲的事情是把自己的领导惹炸毛了，逼到 12 岁小孩状态下，而领导却掌握着你的命运。所以我说：**永远不要在情绪中给人讲道理，也永远不要试**

图给情绪中的人讲道理。 人一旦进入稀缺态，听道理的脑区就彻底关闭了。

良性关系三要素

自我是把双刃剑，自我太大不好，自我太小也不好，要恰到好处。 自我大的人容易自负，容易进入批判态、不在学习态，慢慢就会把自己封闭起来。当然自我大也有一个好处，就是自信心强，遇到任何挑战都觉得不是事儿。那么自我小也是两面的，坏的方面是容易让人陷入自卑的低能量状态，别人说点什么自己会难受很久。世间最可悲的事就是把别人的指责内化成自己的不自信，这是一种次生灾害。好的方面是谦虚，能够不断地用怀疑和批判自己的精神促进自己进步。

超越的方向就在自己优势的阴影里。 当你有一个优势的话，这个优势的阴影就是一个劣势，所以你修身的方向就是在你优势的阴影里或者对角线上。比如逻辑思维很强的人很可能就会觉得与人连接有障碍。

每个人都可以发展出自己的优势，根本没有必要自卑，也没必要太过自信。每个人只要刻苦努力，不断地激活高级机能，都会找到自己的能量运用风格，而且能不断地优化和迭代。根本没有必要去羡慕谁情商高、谁智商高。重要的是自己要有意识地修行，比如说在职场的头十年，最重要的是发挥你自己的优势，十年过后再往上晋升的话，最重要的功课是弥补自己的短板，短板就在你优势的阴影里。反过来，你还得有一种幸福的能力，因为“幸福＝快乐＋有意义”。意义是主观赋予的，也可以自己去找。由此可见，幸福本是一个极其主观的概念。你可以不断地通过在各种关系中建构自己的幸福，这就是社会建构主义的主张。

让自己的内在越来越和谐，持续地成长、不断地超越自我是一辈子的事情。越超越自我，你越容易感受到深层次的快乐。人人都有自我超越的需求，而这种深层次的快乐会表现出一种精神满足的感觉。

对于良性的关系，《少有人走的路》的作者提出了“独立、责任、爱”，而用我的话来讲，就叫作“**和谐、独立、滋养**”。

我写过一本书叫《赋能领导力》，出版后有读者留言问我：怎么定义赋能领导力？怎么判断一个人的领导行为是赋能的还是不是赋能的？我认为，衡量领导力行为是否是在赋能有三个标准：

第一，被领导对象的内在能量是分裂的还是和谐的？

第二，被领导对象是更加依赖于领导者还是更加独立？

第三，领导者与被领导对象之间的关系是彼此消耗的关系还是滋养关系？

于是我就把这三个方面概括为简单的“和谐、独立、滋养”。这是我个人版本的发明，后来我发现，我们跟世界上任何健康的关系都符合这三条标准。

■ 和谐

关系要能促进你内在和谐。彼此内在是愉悦的，既不刻意表现，也不刻意隐藏，比较真实自然。

良性关系中的双方内在一定是和谐的，彼此赤诚相见，既不刻意隐藏，也不刻意表现，双方会感觉比较舒服。林黛玉进贾府时的内在就是不和谐的，她要处处小心，既怕失礼，更怕出丑。刻意表现就会额外消耗能量，造成外在和内在的分裂，让人感觉不舒服。

在上下级互动中，只有自己平和时下属才平和，自己舒服时下属也会舒服。人只有处在内在和谐的状态下，才华才能得到充分的发挥，工作中才会有上佳表现。工作时心情舒畅、人际关系友好的员工愿意投入更多的精力去工作，因为工作本身就是精神激励。很多领导习惯野蛮地命令下属。表面上自己一呼百应，下属唯唯诺诺，工作会很有效果，实际上这只会加剧下属的内在分裂。下属需要消耗意志力去压制内在狗熊的躁动，努力表现出言听计从的样子，而努力恰是用一股能量征服另一股能量后，表现出来的能量是两股能量抵消后的残余。内在不和谐就是内在的狗熊、凡夫、圣人三者之间相互较劲。我在黑马训练营提出了一个口号叫“不端不装有点二”，端着、装着不仅使自己要额外消耗能量，学生为了适应你也不得不端着、装着……

老师自己内在和谐就会带动学生内在和谐，领导自己内在和谐才能带动下属内在和谐。当然任何人都不可能做到绝对真实，这里所说的真实更像一种感觉，即彼此信任而不设防的真实感。

独立

很多领导不喜欢授权，觉得员工应该完全按照他的主意去执行。这就是一种传统的授权观，这种情况就会产生一个问题，员工对领导会越来越依赖，员工永远无法独当一面。有一句话叫“**成功的领导者能够把自己的下属培养成领导者**”，这才是对成功的领导者的定义。因为只有你的下属能够独立，你才能够往更高的职位上晋升。

检验父母对自己孩子的教育也是这样。当你的孩子上大学以后，你还操心他的袜子、内衣谁洗，说明他还没有独立。如果你不用操心他了，说明他独立了。其实父母和孩子之间的关系注定了是渐行渐远的，所以父母要早早地培养孩子的独立性，这叫以终为始。海灵格有一句话，叫作“当孩子进入青春期之后，与父母的连接越多，与世界的连接就会越少”，我们注定了要把孩子的独立性培养出来，独立就得让其内在的小孩不断地长大。

真正的独立既不依赖别人，也不会过分用爱烫伤别人，既不当拯救者也不当受害者。没有了领导你就六神无主，这说明你不独立；反过来，你是一个拯救者，见谁都想帮，这也是不独立的表现。过分地依赖和过分地干预都是不独立的标志。所以你会发现，能处理好这种关系的人其实并不多。

滋养

恰到好处的爱是一种能力，任何狭隘的爱都能造成伤害。这世界上有很多父子关系、母子关系、夫妻关系等越来越扭曲，原因就是因为爱的方式不对。爱的方式不对就很容易造成伤害，各种负面情绪背后都是扭曲了的爱。不独立就不会有一个正确的爱，而改善关系的核心都得回到童年，都得回到三大基本关系，就是师族、宗族、友族。

和谐指的是你的内在和谐，独立指的是你的边界独立，滋养指的是你跟对方之间是相互滋养的关系，在关系中成长。你可以捋一捋你所有的关系，哪些关系跟你是和谐、独立、滋养的关系，哪些不是。而真正厉害的人，能够把不是滋养的关系改造成滋养的关系。当你知道了哪些不是滋养关系，那你就努力去改造它，这就是所谓的“幸福是一种能力”。我们的主观内在非常强大，如此你就能在关系中受益。别期待一开始就能拥有特别好的关系，关键是你要允许自己的内在小孩慢慢地长大，这样你就能够处理好关系，把各种各样的消耗关系变成滋养关系。

因为你独立，你能够带动更多的人独立；反之，你的不独立会让周围的人不独立。

因为你和谐，你能够带动更多的人和谐；反之，你的不和谐也会带动周围的人不和谐。

因为你和别人是滋养关系，别人也会从你这里得到滋养；反之，你和别人是消耗关系，别人也就会跟着你被动消耗。

独立、和谐、滋养这三个一旦形成良性循环，就越来越良性，所以对每一个人来说都很重要的事就是修这三条，即我在连接力这个模块中提出的“新三修”——和谐、独立、滋养。

关系的改善须双向奔赴

每个人都渴望活在良好的人际环境中，却很少有人主动去改善和发展良好的人际关系。**人世间的诸多美好都不是被动等来的，而是主动争取的。**为了遇见更好的自己，就要主动地改善关系；为了改善关系，首先要学会看见自己、爱自己。

向内看，学会自己爱自己

想要疗愈那个缺乏安全和爱的内在小孩。唯一办法是向内看，我们总是渴望别人爱自己，渴望在关系中获得更多的赞许、肯定、鼓励和爱，这种惯性的讨爱模式实际上是把使自己幸福的权利拱手让给别人，你幸福与否要看别人的眼色。别人夸奖，你就很幸福，别人批评，你就很沮丧。**人只有学会自己爱自己，自己看见自己，才能在人际关系中保持最大限度的独立。**人人都渴望有人能够无条件地爱自己，追寻半生，蓦然回首，才发现只有自己能够无条件地爱自己。所以，一定要升级小时候无意识习得的低版本的讨爱模式、无意识防御模式，代之以更理性、更成熟、更优雅的内求自爱模式。独立只能内求，只有自己能够终结向外求的低效能模式。

内在小孩向外越发飙、越回避、越指责、越拯救、越牺牲……越没有用，很多人把修身的力量用反了。只有焦点向内，能量才能更多地聚焦在自己的目标上，才能够一点一点帮助自己的内在小孩长大。读者不妨觉察一下自己的依恋模式和不独立的表现，试图看见内在那个进入防御态的内在小孩，分析最容易引发自己防御反应的是什么，又是因为哪个基本诉求没满足而引发的。也可以尝试制订一个帮助你的内在小孩长大的修炼计划，让自己不再焦点在外，让你的幸福不再依赖外在条件，更多地活成你心目中的自己，独立性提升了，心力也就拓展了。

从彼此敌对到共同面对

孔子说："古之学者为己，今之学者为人。"很多人学习的目的是改变他人，期待用自己的理论改造其不顺眼的配偶和不听话的孩子。

我有个学生就曾三番五次地追问我如何改造她那冥顽不化的老公，课间问完饭后接着问，有点儿喘息的功夫她就问我这个问题。这个问题已经成为她的心病，困扰了她很久。

经了解，她老公孤傲清高，谁也看不上，一心扑到工作上，很少与人连接。慢慢地她受不了了，就和老公对抗。逐渐发展到一见面就彼此炸毛的状态，俩人非必要不沟通。夫妻冷战，老公就把注意力转移到孩子身上了，儿子已经到青春期了，老爹也应该多管一些。一开始，她还觉得老公注意力转移蛮好的，但没料想，老公动辄向孩子发飙，把孩子也闹逆反了。趁老爹外出，孩子向他妈倾诉：“你怎么找了一个那么差的老公，可把我坑惨了。”全家就这样陷入僵局。

我听完她的描述后问了一个问题：“你们一家三口是不是一进家门就自动炸毛，进入稀缺态？”她说：“是的。”我说：“人家的家是爱的港湾，在外打拼累了回家补给，你们家是第二战场，甚至更为惨烈。”她说：“可不是嘛，我怎样才能让他改变，我们家怎样才能走出这个恶性循环？这个局怎么破？”我说：“每个人都觉得自己是环境的受害者，寄希望于环境的改变，认为只有环境变了，自己的处境才能变好。却忽视了一个事实，那就是自己恰恰是别人的环境。三口之家，你占了老公社会环境的50%。两人世界，你甚至是他社会环境的100%。你总希望对方改变，却忽视了你是他最重要的社会环境这一事实。根本没必要责令老公改变，也不用充当孩子的拯救者，因为你的指责会让他进入防御状态，激活低效能的‘战斗—逃跑’模式，无论是相互指责，还是彼此回避，都破不了困局。只有作为环境的你悄然做出改变，他才会逐渐放下防御，打开心门，重建亲密关系的良性循环。”她说：“弄了半天你还是在给我提要求呗。”我说：“对，你根本不需要去求任何人，悄悄地改变自己，他的社会环境就改变了，从而促使他改变反应模式。”她问我要怎么做出改变。我说：“首先，接纳是一切改变的开始，只有你真诚地接纳他就是那样的一个人，结束与他的对抗，才能把原本对抗的能量释放出来，用于重建良性的亲密关系。你的改变对他而言是社会环境的改变，为了适应新的环境，他就不得不调整自己的状态和反应方式。两个人相处久了以后，关系模式会逐渐固定、僵化。一方悄悄改变自己的模式，另一方不得不重新适应。彼此重新向对方打开心门，适应新的模式，建立新的平衡。而你自己的状态调整是这一切改变的基础，状态不对，努力白费。唯有彼此重新打开心门，建立新的信任，你才能够逐渐地对他施加积极有效的影响，才能逐渐发展出各自内在和谐、相互独立又彼此滋养的良性关系。”

梳理一下隐藏在该案例中的促进人改变的四个步骤。第一步，接纳自己，也接纳别人。你必须意识到自己是对方的社会环境，也要先接纳对方是你的环境，接纳自己的不完美，才能接纳别人的不完美。终结对抗，才能把原本对抗的能量释放出来用于自己的刻意改变。第二步，悄悄自变。焦点向内地改变自己。当你悄然改变自己的时候，于对方而言，社会环境改变了，就不得不去适应新的环境。对方以前的防御态可能是你咄咄逼人的姿态逼出来的。当你释放善意，展现出开放、友善、信任的姿态时，对方也没必要对抗了。第三步，各自承诺。经过前两步，双方都有不同程度的改变，一方是主动改变，一方是适应性改变。时间长了，双方共同营造的场域就改变了，彼此重新打开心门，重拾信任，良性互动关系就建立起来了。有了良性互动关系，彼此才能听进去对方讲的道理。道理只在别人想听的时候讲，信任度不足时，对方根本听不进去你的道理。在良性互动中，彼此承诺为了改善关系要做出的改变，并邀请对方监督。从而把一方要求另一方改变的敌对格局改成了改善关系而双向奔赴、共同努力的格局。第四步，持续迭代。当双方都尝到双向奔赴的甜蜜，各自都为改善关系积极行动、争做贡献的时候，就可以坐下来一起复盘关系改善的成果，继而共创进一步双向奔赴的计划和承诺，从而建立良性循环。冰冻三尺非一日之寒，冰雪融化也非一日之功，双方关系僵化是长时间矛盾和误会积累的结果，重建良性关系也不要想着一蹴而就，而要有慢火煲汤的准备。其实这番道理，孔子早都谈到了，“君子安其身而后动，易其心而后语，定其交而后求。”意思是，先调整自己的内在状态然后悄然改变，用同理心打开心门再交流，发展出相互信任和相互赋能的良性关系，再要求对方改变。

我的学生听完深受启发却也依然困惑地问我：“那第一步该怎么迈？”我说：“可以尝试在你的小家庭里每周搞一个半天的家庭集体活动，比如约定每星期六的下午，一起吃饭、一起运动……要求所有人在这半天里只能相互赞赏、相互鼓励、相互赋能，只要正能量，对负能量说不。所有人只能说对方的好，不能说对方的坏。彼此都感受正能量的家庭氛围带来的愉悦感，逐步替代相互指责的不愉快模式。如果大家的感受都很好的话，可以把时间拉长。当每个人都觉得相互欣赏的下午过得很愉快的时候，谁还愿意跟自己过不去？开辟专门时间是实现改变的良方。”我的学生在家里逐步实践，后来反馈说很有效果，说参加“心力拓展训练营”能够收到一人学习全家受益的效果。

用说教、指责的方式试图促人改变是徒劳的，要想真促人改变，需要自己从知到行地立体改变。只有自己深入骨髓地改变，才会有浑身每个细胞都散发出来的能沁人心脾的深度影响，才能真正地促人改变。老子说：“信不足焉，有不信焉。”自己做不到言行一致，就难免“信不足焉”，别人自然就会“有不信焉”。

互为贵人，刻意连接

每个人都可以梳理一下自己的重要关系。首先，审视一下自己不独立的表现，内在“狗熊”最容易炸毛的线索是什么？最常被激活的防御态是什么？考察自己属于哪种类型的不独立。其次，梳理你的重要社会关系，找到与你优势互补的可以相互赋能的益友，可以与其结对子，互为贵人，陪伴学习，协同进化。

贵人就是让自己变得更好的人。贵人有四大职责：第一是督促，修炼是要对抗惯性的，对抗惯性需要有意志力，自己的意志力不够可以靠贵人的外力督促。各自制订改变计划，并彼此授权对方监督自己的行动。第二是反馈，反馈和反思是雕刻自我的两把刻刀，及时有效的反馈是促人改变的最重要的元素，贵人就要给彼此最及时、最中肯的反馈。肯定进步，指出不足，及时调整目标和计划。第三是支持，包括满足各种物质条件和情感支持，特别是情感支持。好的状态是有效改变的保障，贵人要彼此支持，确保对方始终处在学习态。第四是庆祝，相互庆祝进化过程中取得的每一点可喜的进展和实质性突破。

刻意连接的最开始阶段肯定会有点不舒服，只有适当走出舒适区才是学习。刻意连接就是要稍带强迫地与人连接，尝试与各种潜意识层面有点排斥的人连接。当一个人能够很容易地与性格各异风格不同的人建立良性的连接时，连接力就提升了。

通过双方的刻意练习与彼此反馈，可以持续提升连接质量。尤其是重要关系，比如父母、配偶、子女等一辈子都剪不断的关系，一定要直面各种不和谐、不独立、不滋养问题，逐渐转换成彼此和谐、独立、滋养的良性关系。

有人问："我明明知道他性格扭曲、不近人情、很难接近，你让我怎么刻意连接？"我说："这个问题的提出就暴露了自己的状态，因为你已经给他贴上了很难接近的标签，所以你跟他接触的时候，你的潜意识会无情地出卖你抗拒与其连接的状态。而你的抗拒状态无须语言表达对方就秒懂。即便你伸出友谊之手，你的抗拒状态也会无情地出卖你，也会激起对方进入防御态，连接当然会很吃力。因此，刻意连接之前先要调适自己的内在状态。表现出开放的、积极的、友善的状态，对方收到你这份善意，也会逐渐放下自己的防御模式，才愿意跟你连接。"状态是积极的、友善的，连接的勇气就油然而生，正如老子所说的"慈故能勇"。也可以做到"俭故能广"，意图简单直接，就不用刻意客套，也不用绕弯子，直抒胸臆，坦诚沟通。在人际沟通中，一诚遮百丑。当然，连接过程中还是要保持应有的尊重和谦让，努力做到"不为天下先，故能成其长"，刻意连接就没那么困难了。

改善关系就是改变世界

尽管人们总是说世界很大，但就每个个体而言，世界又很小。因为人生大多数时间都活在相对稳定的几个圈子里：工作圈、生活圈和学习圈。每个圈子里都有几个需要天天面对的重要关系，重要关系的质量决定一个人的生存质量。假如某人的三个圈子里各有一个重要关系处得非常糟糕，那么这个人必然行走在崩溃的边缘。

改善重要关系可以理解为要解决一个重大问题。起点是双方的沟通已经存在障碍，信任基础产生了动摇，互动时很容易陷入相互防御的对抗态。目标是重建信任，能够友好沟通，彼此滋养。人人都可以尝试重要关系的重塑。

与孩子重建信任关系

某一次课上，有学员分享说：

我的孩子叛逆比较严重，在新学校上高一。第一周回家，我问他："学校的伙食怎么样？"

他说："还好吧。"

"校园环境怎么样？"

"凑合吧。"

"老师教得好不好？"

"就那样。"

任凭我提什么问题，他的回答都不超过三个字。老师，我怎样才能撬开他的嘴，让他愿意跟我沟通。

我问那位学员孩子是天生沉默寡言还是后来变成这样的。他说孩子小时候很活跃，无话不谈，长着长着就变成这样了。我说："说白了，你们之间已经出现了信任危机，孩子跟你沟通时一直处于防御态，害怕说多了你‘收拾’他。多次互动中受到的伤害太多，孩子见到你就本能地进入防御态，已经不再信任你。”

状态才是生产力，是一切的基础。状态不对，努力白费。状态一直在潜意识层面，能够通过感受传递，不好用语言描述。我们很难靠语言来调整一个人的状态，只能调整自己的状态，当别人感受到你开放、友善的状态后，才会逐渐放下自己的防御态，变得开放、友善起来。而这一切都是悄然发生的。再通透的道理都替代不了感受和体验。

两人之间有沟通障碍，主要问题是一方或双方的内在“狗熊”的防御性被激活。要了解内在“狗熊”炸毛的原因，缺安全感、满足感、归属感还是效能感？了解了对方内在“狗熊”的需要，就可以有的放矢。然后悄然改变自己的内在状态，通过自己的状态潜意识地感染对方的内在状态，共同营造一个友善的、信任的、关爱的良性互动关系，积极的改变就发生了。

在婚姻中陪伴成长

亲密关系与亲子关系一样需要用心经营。婚姻并非是两个人的私事，而是两个家庭的大事。

婚姻的意义在于陪伴成长、协同进化。双方差异太大相互适应的难度大，婚姻容易破裂；双方差异很小相互适应固然容易，但相互学习的空间也不大。夫妻双方要互相取长补短，变得更优秀。这就要求双方长时间保持良好的学习态。

两口子一吵架，双双进入情绪状态，各自的内在“狗熊”就炸毛了，激活了各自在原生家庭中无意识习得的防御反应模式。吵架的那个当下，大脑的理性开关暂时关闭，都在无意识地模仿当年父母吵架的样子。假如有了孩子，孩子又在无意识地学习父母双方防御反应的样子，而且向彪悍的一方学得更多。就这样，彪悍的一方虽然在吵架中占了上风，代价却是耽误了自己的修行，伤害了配偶的感情，带坏了孩子的习性。

倘若恢复理性之后，两口子能够冷静地共同复盘，彼此帮助对方启动存养框架，婚姻中的“陪伴学习，协同进化”就发生了。彼此帮助对方审查一下内在“狗熊”炸毛的原因，追溯一下背后的情结，关联到小时候的创伤经历，通过“存养框架”相互帮助对方升级低版本的反应模式，两人的关系就会越来越融洽。

当夫妻能量进入各自内在和谐、彼此独立又相互滋养的良性关系状态时，各自的内在状态就会特别好，在家庭的小环境里，双方的感受都是愉悦的、幸福的。

在良性互动中重塑自我

人是不断地在学习的。在每个人身上，无意识学习的东西要比有意识学习的东西多得多。每个人的处事方式都不可避免地带着童年经历的影子、家族的模式、学生时期的印痕，甚至早年工作的影响。这些元素既是我们成为今天这个样子的原因，也是我们明天持续修行的功课。如果一个人总是带着过去陈旧的模式工作和生活，总是被看不见的模式所限制，如同自己把自己关在牢笼里，虽然形体是自由的，精神上却如同动物园里的老虎。要想绽放自己的生命，就必须不断摆脱旧有模式的束缚，发展出全新的模式，尽情地绽放生命的精彩！**人生中的每一个重大进步都意味着跟历史的彻底决裂！**某种程度上可以理解为对家族旧模式和旧系统的背叛。有继承、有发展才是进化的真相。

每个人都有自己的强项，也都有自己的短板。那么你到底是跟你同质的人交往好，还是跟你不一样的人交往好呢？我的意见是要恰到好处地走出舒适区，尽可能跟你有点差异的人交往，彼此相互学习、扬长避短，借别人的优势修你的短板。但如果太过刻意地陷入惶恐区，引发自我防御的动物本能，就谈不上学习发展了。

一个人只活在自己熟悉的管道里，就会不断地强化固有的模式，故步自封还优越感满满……我主张在关系中修，**连接力只能在连接中提升，情感障碍只能在情感氛围中疗愈。**人人都要借社会环境磨炼自己，借人际交往修正自己。你喜欢的人可能跟你不独立的方式相同，你不喜欢的人也许只是跟你的不独立方式不一样，虽然表现不同，不独立的本质没什么不同。每个人都需要借助社会关系和社交活动把自己的反应模式往中间修，逐渐疗愈各式各样的不独立。

倾诉是最好的疗愈

如果郁结的情绪得不到发泄的话，会有酝酿效应。什么叫酝酿效应？当一个人在脑海里不断回放遭遇伤害的画面时，就在持续强化仇恨。有一种伤害叫“反刍式伤害”，有一种恐惧叫“臆想式恐惧”。

像身体要排泄一样，内心的精神垃圾也要及时排解。把积压在心中的那些话说出来，让自己轻松，具有疗愈作用。保守秘密是要消耗意志力的。秘密在大脑中常驻，又要消耗意志力，时刻警觉使其不能外泄。长此以往，大脑就像染了病毒的电脑，运行效率大大下降。

即便没有合适的倾诉对象，也可以自己向自己倾诉。通过改写创伤故事的版本，释放郁结的情绪，从而改变一个人的内在状态。我认为关系是能量的管道，可以通过倾诉把内心郁结的负能量排出去，同时让正能量流进你的内心，也可以通过谈话用自己的正能量为别人赋能。能量一旦流动起来，被卡住的内存就释放了。当消除了隐藏在潜意识里的纠结时，就可以一心一意地做想做的事，心力当然就提升了。

有人对这种“欺骗自己”的做法有心理障碍，这是一种限制性信念。因为事实永远没法还原，记忆永远有偏差。只有打破这个信念，你才能够用倾诉的方式改编故事，达到自我疗愈的目的。改变故事版本就能改变内在的状态，改变大脑神经递质的释放和体内的内分泌结构。**尽管故事是假的，但故事带给人的感受是真的，对内在状态的改变也是真的。**不要纠结真假，要关注实际疗效。很多事情必须让它翻篇，过去的过不去，未来的来不了，因为过去和未来都要占用你的大脑内存，只有让那些不舒服记忆随风飘去，才能腾出足够的内存去干更重要的事情。

你完全可以把童年的创伤经历通过倾诉的方式改编成更积极、更有利于疗愈的版本，释放潜意识中压抑的情结，把自己从痛苦中解救出来，从而能够轻装上阵，全力以赴地开创未来。在生活中也会发现：那些善于表达、愿意倾诉的人心理更健康，或者说心力更强。

反复倾诉改变故事版本

女孩失恋了，内心郁结了很多负面情绪，特别难受。怎么办？为了疏解情绪，她选择给最好的闺蜜打电话倾诉，说她对那个男孩子多么多么好，男孩子又多么多么不解风情，自己又多么多么努力挽留，最后还是无济于事，自己多么多么伤心，多么多么颓废……寻求闺蜜的安慰。对关系最好的闺蜜当然可以毫无保留地实话实说。挂了电话内心的郁结舒缓了好多，但还是茶饭不思，怎么办呢？接着拨通关系较近的闺蜜的电话。因为关系不是最好，只是较好，说话就不能毫无保留，不能把自己说得太惨而遭人笑话。故事就改版了，说双方相处了一段时间，刚开始还好，后来逐渐发现彼此三观不合，背景差异太大，生活习惯也不同，总之分歧越来越多，彼此都感觉对方不是可以陪伴终生的那个人，然后就友好地分手了。第二通电话打完发现郁结还没有释放完，还得再找一个闺蜜倾诉。倾诉的目的还是疗愈伤痛，故事的内容却在不断改版。之后她又打了第三通、第四通电话……打到第八通电话的时候，故事版本已经演变成这样了：前男友多么多么三观不正，多么多么没有修养，生活习惯又多么多么差，寻思绝不能把自己的一生托付给这样渣男，忍无可忍之后她一生气把对方给踹了。最后一个版本的故事让她彻底释放了内心的郁结，她的内心也彻底地相信了这个版本。反正已经势不可挽，选择相信一个让自己轻松的版本更有利于疗愈，帮助自己慷慨地放下过去，走出阴霾，开始新的生活。何尝不可？

这个自欺欺人的故事生动地演绎了我们大脑的合理化倾向。过往的经历塑造了自我。而这些经历却只是个人版本的解读，未必是事实。尽管说，幸福的童年可以疗愈一生，不幸的童年需要用一生去疗愈。但我更喜欢另外一句话，**想拥有一个幸福的童年什么时候都不为晚。**童年经历的故事是可以重新改编的。语言既是沟通的工具，也是思维的工具。失恋女孩向闺蜜倾诉的同时，也在用语言和思维改编故事的版本。倾诉不仅是给闺蜜听，更重要的是给自己听，她正是通过倾诉的方式改编了故事版本并将新版的故事植入到自己的潜意识中去，让自己的尊严少受损失，感受更好，从而能够快速从低能状态中恢复。事情在发生的时候没被留意，在留意的时候却已被篡改，甚至是无意识地篡改。事实不重要，重要的是篡改过的故事版本才会实实在在地影响她的内在状态。潜意识采信了她最终版本的故事，帮助她从痛苦中走出来。

又有人说："违心地改编过去的经历，我内心很抗拒。"我回答说："你又凭什么认定你对过去经历的记忆就是铁定的事实？实际上也只是当时幼小心灵的解读罢了。**没有绝对的事实，只有不同版本的解读。**聪明人都会采信让自己轻松点的故事版本。"

第四章

愿力：走在梦想的路上

至此，我们探讨了心力中的两个力：耐受力和连接力。耐受力解决的是低版本反应模式在应对外界刺激时造成的能量消耗问题。一点就着、动辄炸毛的低版本反应模式是最低级的生命能量运用，会使整个人都变得非理性。“狗熊”惹祸却要全人买单，进而影响整体生命质量。连接力解决的是人在社交活动中的能量消耗问题，无论是讨好模式、指责模式还是拯救模式，都会使人陷入各种能量纠缠中产生无谓消耗。人格不独立，能量不能根据自己的意志自由支配，而是被外在关系所消耗，久而久之，就会心力交瘁。只有向内修独立，既不狂妄也不自卑，尊重别人也尊重自己，才能发展相互赋能的良性关系。

心力拓展的本质是让那些无意识消耗的暗能量能够有意识地被觉察并得到合理的开发和运用。卡尔·荣格说：“**当你的潜意识没有进入你的意识时，你的潜意识正在操控你的人生，而你却称其为命运。**”如果不去有意识地开发和利用这些暗能量，这些暗能量将制约你一生的发展。反之，如果你能够觉察、疏导、转化的话，必将拥有一个卓有成效的人生。这一颠一倒的差异，正是拓展心力的价值。

假如你的耐受力和连接力得到了很大的提升，必然会释放更大的能量，要让这些能量自主地运用到更有意义的事业上来，这就涉及愿力。愿力可以理解为隐藏在我们潜意识里比较高尚的部分，也需要有意识地开发和拓展。人一旦找到值得投入终生精力的大愿，修炼耐受力和连接力所释放出来的能量就有了用武之地。

想象现实与精神庭院

除了物质世界之外，我们还有一个精神家园。爱因斯坦说："我热爱物理学，因为我深知物质的力量。但是对物理学研究越深入，我越发现物质的尽头，屹立的是精神。"《未来简史》的作者赫拉利把它称之为"想象现实"。人们的很多决策和行为并非由现实利益驱动，而由信仰、使命、愿景、意义等精神元素驱动。精神元素的共同特点是：没有亲身体验过，也不能够推理证明，人们却对此深信不疑。比如我们相信"好人一生平安"，相信"不做亏心事，不怕鬼敲门"……不能证明也不用证明，很多人就深信不疑。愿力就是要探讨驱动人们行动的非物质因素，即精神动力。

■ 共同的信仰和愿景

这些不能被验证和证明的精神元素被越来越多的人相信，逐渐成为一种集体信仰，就发展成文明、文化。自古及今，世界范围内只有极少的文明能够延续至今，中华文明就有幸成为其中之一。能够延续至今的文明有一个共通点，那就是在文化上经历过超越突破，人们找到了可以超越生死的终极价值和永恒意义，并对此深信不疑。中华民族的每个人都有除温饱之外的精神追求，整个社会有了共同的精神追求，这份精神追求恰是支撑中国人战胜各种艰难困苦、文明得以顽强延续的内在动力。

正是这些信仰、意义、愿景在关键时候催人奋进，驱动人勇敢行动、战胜各种现实困难。信仰和愿景是有别于物质刺激的，驱动人行动的更强大、更持久的“第二动力源”。是不是真的不重要，能不能证明也不重要，甚至可不可实现都不重要，只要大家都相信，共同的信仰和愿景就足以把大家的力量凝聚起来。所以，信念比金子还宝贵。

集体潜意识与精神的传承

荣格把人的潜意识分为个体潜意识和集体潜意识。个体潜意识与个人的早期经历相关，而集体潜意识则包含着全人类在长时间的实践中发展出的共同信仰、信念和原型。朱自清的《背影》就给人们的脑海里植入了一个拖着肥胖的身体，爬过铁道艰难地为儿子买橘子的父亲的背影，描绘了一个有点迂，内心却隐藏着至深情感的父亲形象。因为直通一代又一代人对父亲形象的原型，所以最容易引起读者的共鸣。原型不过是把典型形象概念化的结果。集体潜意识里隐藏着一个民族的所有精神魂魄，隐藏着真、善、美，却又不好用语言直接描述。

这些共同的信仰和追求以故事的方式传承，每个故事背后都有其核心价值主张和精神气魄。你是谁？你要成为谁？什么对你更重要？这些问题的答案常常取决于你成长过程中受过什么样的故事熏陶。人尽皆知的精卫填海、夸父逐日、愚公移山、凿壁偷光、岳母刺字等故事无一不在传承某种精神。

■ 财富自由不如精神富足

伯夷叔齐为什么宁愿饿死而不食周粟？颜回为什么能“一箪食，一瓢饮，在陋巷，人不堪其忧，回也不改其乐”？因为他们找到了人生的终极追求而获得了超越物质的更高层次快乐。中国人对精神富足的追求，放眼全世界都无出其右。他们“宁可食无肉，不可居无竹；无肉令人瘦，无竹令人俗”，宁可三月不知肉味，都不可以流俗。清人王懋竑甘于布衣蔬食，恬然安之，尝谓友人曰：“老屋三间，破书万卷，生平志愿，于斯足矣。”这些都是精神富足的人。

乔布斯认为人生要有一个与利益无关的追求。他在临终时说：“在别人的眼里，我的人生就是成功的一个缩影。但是，除了工作之外，我却少有其他欢乐。此时，我躺在病榻上，回顾我的一生，意识到，我一生所骄傲的所有的名声和财富，在即将到来的死亡面前显得毫无意义。”

现代人更看重财富自由，渴望拥有更多的财富，实现“想买什么就能买什么，想干什么就能干什么”的理想。而**真正的自由并不是物**

质上的为所欲为，而是精神的超脱，做理想的自己。

探访心中的圣人

弗洛伊德把人格进行了结构分层：本我、自我、超我。本我泛指人类身上的动物性残留，我将其隐喻为内在“狗熊”，自我就是现实中功利的我，而超我则是更高尚的，超越了动物本能和现实功利的我。超我就是阳明先生所说的人人胸中的那个圣人。超我和本我都隐藏在潜意识里，如果说耐受力研究的是潜意识里的本我部分，那么愿力就指向潜意识里的超我部分。有意识地探索隐藏在潜意识里的超我元素，才能更好地开发和运用这部分潜意识能量。概而言之，超我具有利他性、长远性、系统性和超现实性。

超然而强烈

精神与物质对应，看不见、摸不着却深深地根植于人们内心，对人的影响强烈而深刻。除了现实利益，人们还更愿意为实现梦想付出更多的努力，为了实现更有意义的目标而主动选择忍受当前的痛苦。正因为强烈的精神追求，人类成了唯一能够在痛苦中找到快乐的物种。**一旦在痛苦中能找到更深层次的意义，痛苦就不再是痛苦，甚至能苦中作乐，痛并快乐着。**

“夫草之精秀者为英，兽之特群者为雄。人之文武茂异，取名于此。”**常人和英雄最大的区别是常人容易向现实屈服，消磨了心中的梦想；而英雄则用心中的梦想改造现实。**

利他而高尚

精神所追求的超越生死的终极价值和永恒意义需要定义。《大学》开篇就讲：“大学之道，在明明德，在亲民，在止于至善。”意思是大学的宗旨在于弘扬光明正大的品德，在于使民持续精进图新，最后达到最完善的境界。“至善”的境界就是终极超越的精神追求。阳明先生称之为良知，用荣格的说法就是人类集体潜意识里的真善美的原型。孟子最先提出道德先验论：“恻隐之心，仁之端也；羞恶之心，义之端也；辞让之心，礼之端也；是非之心，智之端也。人之有是四端也，犹其有四体也。”称人皆可以为尧舜。阳明先生说，人人胸中各有个圣人。

长远而持久

精神自我的另一个明显的标签是关注长远，聚焦未来。那些能在极端困境中顽强生存下来的人，是心中有梦想的人，是给痛苦赋予某种长远意义的人。

找到超越生死的终极价值和永恒意义是文明得以延续的关键。有形的物质终将归于尘土，无形的精神却可以传承。唯有精神财富才能活在更多人的脑海里，被一代代地传承，生生不息！

■ 系统而神圣

作为社会动物的人把自己看作独立的存在是片面的。在社会活动中，每个人都同时扮演着多个角色，每个角色的背后都对应着一个社会系统，每个人都是系统的一部分，不自觉地为系统服务，承担责任。个体的很多行为实际上受系统的影响很大却常常不自知。海灵格发现了每个人背后的家庭系统，才使人们能够从更大的视野、更长远的框架去觉察那些人们平时意识不到，却实实在在影响我们身心的系统力量！我对家庭系统排列的评价是：它能帮我们看到个体背后更强大的系统，把潜意识显性化！

如果一个人能尽早地意识到自己属于系统的一部分，受系统影响，为系统服务，就可以主动与系统连接，顺势而为地运用系统的力量推进很多事情。系统好比看不见的磁场，离系统中心越近，获得系统的能量加持就越多。因此，个体要把自己奉献给系统，主动承担系统的责任。反过来，个体主动为系统承担责任的同时，也获得了系统无意识能量的加持。

有愿力的人生才精彩

倘若一个人把一生的经历用于追求某种精神、活出某种状态，其一生的传奇经历便成为某种精神的鲜活注解。在心力系统里，愿力正是代指精神力量的整合与开发。有愿力的人生，至少有四个方面的显著不同。

光荣的使命

《周易·系辞上》中说："举而措之天下之民，谓之事业。"真正的事业，一定是胸怀天下、惠及万民的，是以推动整个社会进步为己任的。而生意只是为了获取利润。生意背后的驱动力源自第一动力系统，而事业背后却是双重动力驱动的。做生意很容易让人陷入焦虑状态，担心市场风云变幻，担心被竞争对手超越，担心被客户抛弃……而做事业则因为连接了大愿——有焦点在内的第二动力，就会淡定很多。表面上看大家都在干事，有人是做真事业，有人则是简单地做生意。商业到底是追求财富的平台，还是自己修行、助缘他人（客户、员工及伙伴）修行的平台，这是企业家在创业一开始就要做出的选择！

我自己在创业中也深刻地体会到了这一点。按说我自己也已经是上市企业的高管了，工资收入和股权激励很可观了，为什么还要选择辞职创业？单从第一动力系统很难理解我的决策。我坚持创业的动力恰恰是愿力。我的选择未必能让我挣更多的钱，却可以确定地找到了更深层次的快乐，让我的灵魂更愉悦。我想用我多年的专业帮助更多人活得更透彻，让更多的灵魂活得更高尚，帮助更多的人打开生命的第二动力源，活出更独立、更有作为和更伟大的人生。我在面授和线上课中，感受到我的学生身上发生的鲜明变化，听到他们发自肺腑的感谢之言，我内在更深层次的愉悦回路也一次次地得到强化。

明确的目标

有学生问我："田老师，你真的相信人是有使命的吗？真的相信人生是为了一件大事来的吗？"我开玩笑说："假如有一粒魔法药丸，吃了之后能够让你一辈子的能量聚焦在一个领域，全力以赴地投入到一个事业上，你愿不愿意吃？"他想了想说愿意吃。我说这个药丸就是愿力。愿力不需要科学论证，仅仅是信仰和愿景。只要你选择相信使命，其直接作用是让你终生的能量聚焦。智慧的人很早就给自己的人生设了一个目的地。

我刚开始创业的时候，就厚着脸皮提出：活着是为了改变中国教育。改变中国教育是多大、多难的事？但是我既然投身教育，就要给自己的潜意识设个导航，定好目的地。我心里很明白，这句话更多是说给自己听的，让我的潜意识能量"不思量、自难忘"地投入这个目标，让我身心合一地为这个目标全力以赴，一有闲暇时间就想着还能为这个目标做点什么事情。其实我这个人比较率性，并不喜欢做详细的工作计划和具体的日常安排，甚至有时候连年度经营计划都懒得做，但到每年年底回顾的时候，却发现所做的工作和取得的成绩连自己都惊讶，甚至都不敢相信这些都是我做的。其实我也不是三头六臂，只是能量聚焦罢了，这就是给潜意识植入导航目标的效果。

我创业两年后，有人在我的公众号后台留言挑战我说："你说你活着是为了改变中国教育，就凭你的小公司，办几个班，做些内训，你啥时候能改变中国教育啊？”受其留言的影响，我索性把愿力修正了，改为“活着是为了淡定地改变中国教育”。中国教育的改变确实非一朝一夕的功夫、也非一人之力所能，但是，我为了这个大愿奋斗一生，无论结果如何，都没有遗憾。正如王安石所言：“尽吾志也而不能至者，可以无悔矣，其孰能讥之乎？”

此后再有人问及我的大愿时，我会淡定地说：“我给你讲个故事。有只小蚂蚁要去朝圣，它迈着小步一步步地朝圣地前进。有人嘲讽它说：‘你个小小的蚂蚁，腿那么短，爬得那么慢，圣地又那么远，何时才能爬到圣地啊？’小蚂蚁听了，挥了挥小爪子，擦了擦头上的汗，不紧不慢地说：‘我也不知道这辈子能不能爬到圣地，但是，只要我行走在朝圣的路上，内心就足够幸福了。’唐僧西天取经的时候，谁也不知道什么时候能到，甚至能不能到，但毕生朝着目标前进，就是很幸福的事情。愿力就是自己给自己设定的，自己认领一份责任的同时，也获得了这份责任背后隐藏的巨大动力。”

■ 持久的动力

假如把人比作一部车的话，一定是前后轮双驱的，没有打开愿力的人，终其一生围绕现实利益蝇营狗苟，活到底都是单驱的，纵使富有，也脱离不了低级趣味。

孔子困厄于陈蔡，就曾经感叹道：“君子固穷，小人穷斯滥矣。”君子志于道，所以坚守穷困，小人遇到穷困，人性丑恶一面就泛滥了。为什么君子能够做到“固穷”？因为君子有第二动力源，有异于小人的精神追求。“一箪食，一瓢饮，在陋巷，人不堪其忧，回也不改其乐。”颜回的乐趣不在物质享受，而乐在更高尚、更深层的精神追求。用今天的脑科学理论来分析，每个人脑内都需要释放多巴胺来维持愉悦感和满足感。而大脑释放多巴胺的方式却是多样的，有人因为物欲的满足而释放。形成鲜明对比的是有些人则逐渐发展出更高尚的愉悦回路，他们脑内释放多巴胺的途径是超然物外的精神满足。

如果把物质激励称为外激励的话，那么来自精神追求的动力就可以称为内激励。外激励让人赖以生存的基础需求得到满足，脑内会释放多巴胺。但是如果一个人的满足过多地依赖外激励的话，就很容易因为过分依赖外部环境而导致精神不独立。人总要有一些靠内激励驱动而获得多巴胺的途径，**活出世俗眼里成功的人生还是自己心目中高尚的人生是一个艰难的选择题，我觉得二者都不能少。**

终极的安全

我认为人绝大多数心理疾病都是由缺乏安全感所致，而愿力能给一个人终极的安全感，所以我经常讲：**打开愿力之前的疗愈都是有限疗愈。**人生就像在悬崖上走钢丝，往下看，是万丈深渊，难免吓得双腿发软。往上看，心无旁骛地盯着远大目标就顾不得脚下的万丈深渊，不觉得害怕了。**当一个人为自己想要的东西而忙碌的时候，就没有时间为不想要的东西而担忧了。**那些内心坚定的人既不赶时髦，也不畏惧竞争。那些优秀的企业家都打开了第二动力系统，任凭竞争对手出什么招，任凭商业环境变化如何猛烈，他们都表现得很淡定。因为人家做的是真事业，无论外在环境发生什么变化，人家心中的理想和信念始终不变，这就是老子所说的“知止可以不殆”，也即儒家所言的“知止而后有定，定而后能静，静而后能安，安而后能虑，虑而后能得”。

他们是听从内心声音的人，创业伊始就知道自己要为什么样的事业而奋斗终生，就很清楚事业要达成的效果和实现的路径。

《论语》记载，子畏于匡，曰：“文王既没，文不在兹乎？天之将丧斯文也，后死者不得与于斯文也；天之未丧斯文也，匡人其如予何？”孔子被困在匡这个地方，他说：“文王死后，天下的礼乐文化不都在我这儿吗？天若要让这些礼乐文化灭亡，我死后就没有人能得到这些礼乐文化；如果天不想让这些礼乐文化灭亡，匡人又能把我怎么样？”我们从孔子的这段话中得知，孔子至少在那时候已经找到自己人生的最高目标了，他知道此生为何而来，所以遇到困境，也不会绝望。

一位入学时成绩很一般的高中生，经过三年的努力，让人刮目相看地考上自己心仪的名校，高考成绩远超当初比他优秀很多的初中同学。在介绍成功经验时，他说：“我并不是聪明绝顶的人，也不是异常刻苦的人，我与别人最大的不同就是心态极好，策略正确。我知道自己的目标是考上好大学，而考大学要掌握的知识点基本不变，我根本没有必要跟任何人竞争，不会因为某次考试超常发挥而迷失自我，更不会因为某次考试发挥失常而沮丧，因为我知道只要掌握各科所有知识，就能考出理想的成绩。我把全副精力用在关注自己身上，每一刻都很清楚自己的进步和差距。无谓的能量消耗很少，所以效率很高。”

这位高中生的话让我想起一句名言：**别浪费时间嫉妒别人，你时而领先，时而落后，而比赛是长期的，到了终点，你会发现都是和自己比赛。**

开发愿力的六大策略

人生有两个生日，第一个生日是普通的生日，第二个生日是精神生命诞生的日子，即知道自己此生为何而来，找到了人生使命。并非所有的人都能拥有第二个生日。面对外界各种各样的物质诱惑，大部分人会过分关注现实利益，把梦想简化成赚钱，或者工作也只是为了生计，就谈不上什么梦想了。如何持续建设精神家园？如何与愿力连接，使人生的动力不再是单纯的物质利益，而是还有崇高梦想？

实践证明，愿力并非玄妙空虚，遥不可及。凡事都有规律，把握住“利他性、长远性、系统性和超现实性”的精神实质，率性探寻，每个人都能够探寻到大愿，打开第二动力源。

■ 深度觉察：品味深层次的意义和快乐

孟子说，恻隐之心，仁之端也。利他也几乎是人类的本能，每个人的身上都有。就算达不到“老吾老以及人之老，幼吾幼以及人之幼”的境界，至少能做到无条件地爱自己的孩子。这种关心爱护他人的元素不断强化滋养，用脑科学理论来讲，大脑内部会形成慈善的愉悦回路，即从帮助他人中获得快感。持续强化这种愉悦回路，就会形成利他的习惯。查尔斯·杜希格在《习惯的力量》中指出：做慈善也是可以上瘾的。洪明基在他的《改变的力量：六力理论助你成功》中讲了他的愿力故事。

他祖籍潮汕，出生在积善之家，他爷爷、爸爸都喜欢做扶危济困的慈善事业。他从小就耳濡目染，心中种下了善根。

后来他事业初成，小有积蓄了，心想：自己也应该做一点慈善，买点米、面、学习用品资助失学的孩子，拍个照片给爷爷看一下，让爷爷高兴一下，也算发扬家族的传统美德。

就这样，他开始了他的第一次慈善之旅，带着东西驱车去资助一个失学的小女孩，一路上美滋滋地畅想把照片发给爷爷，得到爷爷赞许的情境。不料，半路天下大雨，通往山区的土路泥泞难行，原本一小时的车程，结果开了三个多小时才到，他筋疲力尽，兴致全无。到了孩子家，他连门都不想进了，就想把东西放下，与孩子合张影立马返回。孩子的妈妈却说："你不知道，我们家孩子知道您今天要来，从早上到现在已经往返村口迎接十多趟了，她就在村口等您，可能和你们走岔了。"他急得不行，说："那你赶紧把她叫回来吧。"

小女孩回来了，神态很腼腆。他迫不及待地把文具亲手交给小女孩，与小女孩四目相对的瞬间，他的灵魂被震着了，小女孩那双含泪的眼睛以及无比真诚、无限感激的眼神触动了他的灵魂，让他瞬间体验到一种难以名状的深层次的感觉。那种感觉让他觉得一路上的跋山涉水全都值了，也让他发自内心地理解了爷爷和爸爸为什么热衷慈善。

然后，他就放慢节奏，仪式感十足地与小女孩合了个影，并发自内心地关心她的生活和学业。

在返回的路上，他想起了爸爸的箴言：人生就是为了追求越来越高层次的爱，创业就要从最快乐的事情做起。他说："我是个吃货，吃让我快乐，所以我就做了吉野家。我几乎尝遍了人间美味，却在与小女孩四目相对的那一刻，才意识到人间还有更极致的滋味。如果不是因为这次慈善之行，可能我一辈子都尝不到这种灵魂极度愉悦的滋味。"

后来他就爱上了慈善，总是不遗余力地帮更多的年轻人成功。我想，他那次慈善行的经历对大多数人都有借鉴意义，天底下极致的幸福是在利他的过程中自己体验到的灵魂极度愉悦的感觉。我在我的课堂上，也屡屡能从学生的眼神中体验到这种滋味。所以，**愿力没有那么高大上，就是用心体味那些利他的行为所带来的深层次的快感，不断地滋养这些善念，重复这些善行，体味这些深度的愉悦。**

一个行之有效的培植愿力的策略是在做事过程中养成体味那些发自内心的深层次的使命感、意义感、成就感、价值感的习惯。沙哈尔说幸福就是快乐加有意义，挖掘意义和深层次的快乐是一种十分重要的能力，也是让自己幸福的能力。

外在物质的激励作用远没有内在意义的激励作用大。当一个人养成了向内觉察成就感、意义感、价值感的习惯时，就快要找到此生为何而来的大愿了。**一个人体味的深层次快乐越多越强烈，与自己灵魂共鸣的次数越多，连接上大愿、打开第二动力源的可能性越大。**

因为灵魂从来都没有迷失，迷失的只是为物欲所惑的意识。**在做**

任何事的过程中和事后都要问自己，除了物质回报之外还获得了些什么？财富追求固不可少，但除了财富之外应该还有点更高尚的东西。再问自己：**这些更高尚的东西能不能给自己一份额外的、更深层次的愉悦感？**只要不断盘点，就一定能找到第二动力源。

孔子说，大节无亏，可以安然去也。大节无亏，显然是与自己心目中的理想信念对标后的结论，孔子做到了无愧于天地，无愧于君上，无愧于万民，活出了高尚的人生。王阳明说，此心光明，亦复何求。他自豪的是活成了自己心目中理想的自己，所以再没有别的追求了。我想当下的那个他肯定获得了一种深层次的极致的喜悦。

每个人都可以盘点一下自己正在做的事情，究竟是什么力量在驱动你坚持去做？是仅仅依靠第一动力系统支撑的？还是已经有部分更深层次、更高尚的第二动力系统支撑？还是兼而有之？只有第一动力系统支撑的业务，做得再好也不过是生意。一旦找到第二动力系统做支撑，内在就会形成更高尚的精神的愉悦回路，脑内多巴胺不仅因物质满足而释放，更因为精神愉悦而释放，逐渐去体味那些高尚的、纯粹的、脱离了低级趣味的精神元素。

同时还要琢磨，如何能让第二动力系统的比重大一点，再大一点？没开发出愿力的人可以用这样的方式连接你的愿力。已经开发出愿力的人，也可以用这样的方式进一步清晰和拓展愿力。愿力就是那股内在的、灵魂雀跃的力量。有愿力支撑的事业才会更持久，才能获得更深层的快乐。人生需要有一个与财富无关的追求，即**人生需要一个与财富无关的第二动力源。**第二动力源一旦打开，你就像换了一个人一样，你的生命就会绽放出无穷的力量。

以终为始：你将给世界留下什么

回顾管理大师彼得·德鲁克的一生，颇能阐释愿力在其富有成效的人生中所起的作用。

首先是探究。德鲁克十二三岁的时候，有位老师在课堂上问了学生一个问题："如果有一天你离开了这个世界，你将会给这个世界留下什么？或者说，你希望后来的人用什么样的方式记住你？"十二三岁的孩子哪里思考过这么严肃的问题？一个个面面相觑。德鲁克在他的书中说："我非常感谢那位老师，在我还不懂事的时候，就在我的脑海里植入了一个值得一辈子去探索的问题，使我一辈子都在问自己：当'我离开这个世界的时候，要给世界留下什么？'"

德鲁克后来之所以能成为世界级的大师，受那位老师的影响很大。老师成功地在他脑海植入一个心锚，使其把思考人生意义当成一种习惯。越早探索人生意义，找到自甘为之奋斗终生的大愿，越容易成功！并非每个人都会很幸运地在人生早期就能确定自己的大愿，但探寻大愿的努力绝不能停止。

其次是启程。德鲁克在20多岁的时候，在父亲的带领下去见了当时的大经济学家熊彼特。他见面就请教熊彼特："我做些什么才能给世界留下点什么，让人们记住我？"熊彼特告诉他："如果你能够让一个人的生命发生质的改变，人们就会记住你。"德鲁克谨记了熊彼特的话，就选择辅导那些企业并使其业务发生质的改变。我也受此启发，发愿要帮更多的人深度学习，立体精进，这样带给我的快乐更醇厚，更美妙。

最后看一下德鲁克功成名就后的感悟。《心流》的作者米哈里·契克森米哈赖在他的书中记载了他和德鲁克的一次交往。当时，契克森米哈赖想在全世界范围内找一百个富有成效的人，然后想采访他们做到富有成效的方法。他就给德鲁克这位公认的卓有成效的世界级管理大师写邀请。几天后，却收到德鲁克非常客气的拒绝信，信里说："我恐怕不得不让你失望了，我可能无法回答你的问题。如果我说富有成效的秘密之一就是把所有的邀请，包括您的邀请都扔进一个大大的废纸篓的话，我希望您不要认为我太自以为是或过于鲁莽。"

德鲁克受熊彼特的启发后找到了他值得为之倾注终生的大愿，并谢绝一切干扰，积极淡定地向愿而行，终究成为世界级大师。稻盛和夫说连接上人生大愿的人能更容易进入心流状态，得到专注的幸福，也更容易富有成效。

探究愿力要经历长时间的自己与灵魂对话的过程，重要的还是持续向内发问，听自己内心的声音，并不需要与别人商量。有句话叫作：**重要的不是你现在是谁，而是你想成为谁。**一个人只要愿意几十年如一日地投身某个领域，持续投入时间和精力，必将成为该领域的专家。

探寻愿力要持续与内在自我对话。麦克斯威尔·马尔茨博士在他的《心理控制术：改变自我意象，改变你的人生》一书中讲道："人们是通过自我谈话和视觉想象来建立和维系自我形象的。"自我谈话就是人们和自己内心之间的谈话，当人们心中想着某件事情时，实际上就是自己正在跟自己谈话。自我谈话是个人建构自我形象和认知的重要方法，自我谈话的过程实际上是整合认知脑能量和情感脑能量的过程，当人们把更多的脑能量聚焦在要实现的目标上时，行动力就更足。目标不仅要明确，而且要画面清晰、情绪强烈。

探寻愿力要持续问自己三个问题：

问题1：**你离开这个世界的时候，最希望人们怀念的是哪一点？**（该问题直通人生的意义，探求自己能在哪一方面做出贡献，为他人带来利益。）

问题2：**你做什么事情能让自己身心愉悦，很容易沉溺其中？**（该问题直通情感，寻找自己内心深处的兴趣爱好。）

问题3：**你干什么事情较常人有事半功倍的效果？**（探求自己的天赋才干，对成功而言，天赋比后天学习更重要。）

人是带着某种使命来到这个世界的。陶行知曾说，**人生为一大事来，干一大事去。**阳明先生在《教条示龙场诸生》中所树立的“立志、勤学、改过、责善”四规矩里，首推立志，且说“志不立，天下无可成之事”，可见阳明先生对立志的看重。

《菜根谭》里讲：“立身不高一步立，如尘里振衣，泥中濯足，如何超达？”在尘土里振衣、在泥水里洗脚就干净不了。修行的核心任务就是突破自我束缚，不断提升自己的境界，立身要高，格局要大。苏世民说，做大事和做小事的难易程度是一样的，所以要索性干大事。只有把所有的能量和才华全身心地投入到某个领域，几十年如一日地坚持，此生才会有一点作为。

连接系统：把自己奉献给身后的系统

陈先生是某中医世家的长子，打懂事起，就深切感受到了他家族独有的使命和严格的家规：很小就被爷爷逼着背《黄帝内经》，考大学报志愿只能考中医院校……家里管教得越厉害，他对中医的叛逆也就越强烈。本科没办法学了中医，上大学后，他就拼命学习，申请了国外的研究生，如愿以偿地去留学了。他庆幸自己终于摆脱家族的束缚，可以开启属于自己的人生。他研究生修了心理学，打算从事心理咨询，还多次给家里写信，让爷爷和父亲断了让他子承父业的念想。

后来，他干脆娶了外国老婆成家，打算一辈子离开原生家庭。妻子是位律师，工作强度和压力都很大。一次，她接了一个特别棘手的案子，长时间的高强度工作让她崩溃了，竟然一夜之间双目失明了。

尽管当地的医疗条件极好，却依然是四处求医不能治好。实在没办法了，他抱着最后一线希望写信给爷爷说明了情况，爷爷回信说："赶紧回来吧，错失时机就不好办了。"

他们为了治病回老家了。爷爷给他妻子把了把脉，心里有了底，老爷子搬来一堆家传的书和方子，往桌子上一扔，告诉他："办法就在这里头，你自己研究吧，实在不懂可以随时问我。"没办法，为了给妻子治病不得不钻研中医理论。好在小时候耳濡目染有了基础，再加上爷爷的辅导，几个月后，他治好了妻子的病，也逐渐对中医产生了浓厚的兴趣。

经过这次事件，他的使命感油然而生，他开始慢慢参悟小时候背诵的《黄帝内经》，进步神速。同时，他发现自己学过的精神分析学，竟然跟中医非常互补，一个治心病，一个治身病，珠联璧合。

当你回望人生的时候，就会发现人生没有弯路，你的每一段经历都在为你的人生使命搭桥。陈先生的人生路就是如此，看起来是弯路，实际上就是直路。认真走过的人生没有弯路。他当年的反叛恰是为了更好地汲取现代心理学的滋养，他发自内心地爱上了中医并承接了家族的使命。

每个人身上都有来自家族系统的无意识能量，这种无意识能量可以理解为家族系统发给个体的愿力信号。如果个体意识到了，连接上家族大愿，把自己奉献给系统，就能得到这股能量的加持，像接上自来水的主管道一样，做很多事情都事半功倍。如果个体忽视它，这股潜意识能量就会不断放大信号，变着法地折腾他。

人一旦连上愿力，就会知止不殆，行动非常积极，内心却无比淡定，也会摆脱竞争的烦恼，无论对手在干什么，自己都笃定地干自己该干的事情，行乎其所当行，止乎其所不得不止。

我给企业家上课的时候，有一位学员分享他的商业模式。我从他的表达中捕捉到一股非常强烈的潜意识能量，那是一种压抑不住的生命绽放需要。于是我就问他家里是不是还有其他人做生意，他说他爷爷当年就是做生意的。我说：你现在的创业除了要自我实现之外，还有一部分看不见的动力，那就是替你的家庭绽放那份多年来被压抑的能量。你家的能量绽放的接力棒现在传给你了，你的使命是借助你的事业将好几辈被压抑的能量得以精彩绽放。那位学员感动地说我的一席话让他动力十足，为他赋能了。

每个人都要回归到系统中去找到自己的使命，把自己的生命奉献给系统的同时，也就连接上大愿，开发了第二动力。李一诺在《臣服实验》一书的序中写道：做成一件事，首先因为这件事是一件对的事，所以如果不是甲做，也会有乙做。不是我做，也会有别人来做。如果有机会做这件事，是因为我恰巧在某个时间、某个情境碰到了这个机会，成为这件事的“工具”。我们要让自己这个“工具”不断“变得更好”，把这件事做成。

很多人误以为只有具备了某种资源和能力才可以开展某项事业，而真相却是，你一旦发大愿要把自己奉献给某项事业，你不仅会让自己的能量聚焦，还会得到系统能量的加持。就像稻盛和夫说的：“只要你想知道去哪里，整个世界都会为你让路。”发了一个大愿，接上了人类集体潜意识，然后宇宙就源源不断地赋能给你。

■ 向内挖掘：把命运的主导权还给主人翁

荣格说，只有你在觉察内心深处时，你的视野才会变得清晰，向外探究的人只是在做梦，朝内挖掘的人终将开悟。向外探究难免陷入熙熙攘攘的名利游戏中，只有向内挖掘才能踏向觉醒之旅。我们行为背后的驱动力既有功利，也有良知。而愿力就是驱动我们采取行动的非功利、非物质的那部分驱力，不是当下苟且的那部分，而是诗与远方的那部分。

马丁·路德·金在演讲引起轰动后曾遭各种势力恐吓威胁。就在最缺乏勇气的时候，他认为自己需要比之前更深入地挖掘自己的信仰，倾听内心的声音。夜深人静的时候他听到："为了正义，站起来。为了工作，站起来。为了真相，站起来！而我将与你同在，直至世界尽头。"渐渐地，内心的恐惧消散了，立场也坚定了。为了心中的梦想他义无反顾，完全把安危置之度外！

世俗功利的规则是投桃报李般的利益交换，而超越功利的良知则与得失无关。**每个人身上都是"良知"与"私欲"同在，**可以把"良知"和"私欲"理解为两种不同的决策框架，遇到外界刺激，大脑的内部激活"良知"还是激活"私欲"框架，结果会很不一样。

我们每一个决策背后都有现实利益和梦想良知双重动因，比如，工作不光是为了养家糊口，还有自我实现的梦想成分。如果把工作当作奉献社会和实现梦想的事业，背后就多了一重动力。如果仅仅把工作当成挣钱的手段，就容易因动力不足而倦怠。与大愿连接的人，做事不仅有双重动力：物质利益和良知梦想。而且有双重制动：规章制度和道德情操。

其实这个世界上没有完美的好人，也没有绝对的坏人。私欲主导即凡夫，良知主导即圣人。**在每一个人的内在都是英雄与"狗熊"同在，天使与魔鬼同在，远方与苟且同在。**每个人都是圣凡合一，每个人都走在由凡到圣的过渡的路上，修行的目的无非是让我们内在的良知被激活的概率更高一些。正如王阳明说："动时念念存天理去人欲，静时念念存天理去人欲。"

■ 榜样带动：名人背后的英雄原型

榜样的带动作用是明显的，读名人传记是帮自己开大愿力的好方法。可以作为人生榜样的人很多，你可以去了解他们的历史，看他们是怎么一点一点活得高尚起来的，其实名人一开始也一样平凡。透过这些名人的所作所为，我们不难发现隐藏在他们背后的英雄原型。英雄首先是不甘现状的人，所以他们有意愿也有能力带动更多的人改变现状，开创新的局面。

我经常建议年轻人多读点人物传记。名人传记里隐藏着某种精神气魄，如果你读他们的传记，恰好被其中的精神气魄“电”着了，一下子就豁然开朗了。埃隆·马斯克就是读了《特斯拉传》而觉醒的，他的偶像是尼古拉·特斯拉和乔布斯，他就是从偶像身上获得精神气魄的。李开复在他的《世界因你而不同》中提到，他正是在卡耐基梅隆大学受到导师的影响，牢固地树立了“make difference”这一人生信条的。年轻人更要多读一些人物传记，脑海里多收集一些活得高尚的人生的样本，样本多了就能酝酿出自己的人生脚本。

当然也可以看一些励志的文学作品，比如《平凡的世界》，主人公身上也藏着精神气魄。这些精神气魄都有无意识属性，不好用语言直接说明，只能透过作者描述的情境来感受和体悟。读者要沉浸到主人公的故事中，感受主人公的心境，体悟背后的精神气魄。早年我读书很功利，总觉得读小说还不如读历史。后来随着心智的成长和对脑科学、心理学的研究，越发敬佩文学巨匠。经典的文学作品，能用文字给人一种心灵的体验，潜移默化地影响一个人的价值观，大文豪无一不是大教育家。

循序渐进：愿力与能力相互激发

经常有人向我说他生来就自甘平凡，不想成为参天大树，做一个自甘平凡的小草也很幸福，尤其不愿意高调发愿，认为那是不自量力的行为。我认为，**愿力最直接的作用是开发潜力。**每个人都有显性的能力和未开发的隐性潜力，没有愿力牵引的人很难高效地开发自己的潜力，也很容易满足现状，在舒适区里停滞不前。愿力未必需要一开始就很宏伟，但我认为每个人必须有一个大于能力的目标。在这个宏伟目标的牵引下，一点一点把隐藏在潜意识深处的潜力开发为显性的能力，能力强了格局就高了，就可以看见更高远的目标。也许对大多数人而言，用愿力开发潜力，把潜力显化为能力，有能力后再开发更大的愿力才是可行的策略。

我最初只是立志改变一个企业内部培训的现状，为此我苦心钻研教育学、心理学的书籍，边钻研边实践，经过多年的努力，终于探索到了让学习在课堂上真正发生的本质规律，把行动学习等有效的学习方式推广到整个组织。当我在十年间读了上千本书，讲了上千天课，写了上百万字，主持开发了上百门课程之后，我越来越觉得自己有能力为社会做出更大的贡献，不能只局限在一家企业内。当一个人得到了很好的成长的时候，不为社会做出更大的贡献，难道要让一身本事、一肚子墨水烂在肚子里不成？不仅社会需要贡献者，人生成长和自我价值也需要用贡献的方式体现。于是，我毅然决然辞职，离开用友，想用我的智慧和经验帮助更多的企业深度改变，再用同样的方式去深度改变别人。所以我大胆提出：活着是为了淡定地改变中国教育。在一个组织内的小目标开发了我的潜力，局部的最佳实践又滋养了我的愿力，一步步迭代发展到现在的版本。

我经常用青虫蝶变的过程隐喻人生的发展。当生命处在青虫阶段的时候，似乎只有一件事最重要，就是贪婪地吃。当吃肥长大的时候，就要蜕变成蝶，尽情绽放。人生也是如此，阶段不同，想法不同。年轻时疯狂追求利益没错，基本的物质需求满足了，精神需求就占了上风。一切都是很自然的过程。

总结一下开发和培植愿力的几个策略。第一，要不断体味做事背后那种深层次的、利他的或者未来的快乐，找到那种与物质利益无关的、更高尚的诉求和深刻的快乐。第二，就是以终为始地审视自己的人生该怎样度过才更有意义，更值得，更能被后人记住。第三，把自己的生命放到系统框架下去审视，把自己奉献给系统的同时也得到了系统的无意识能量的加持。第四，向内探索，意识会被现实利益迷惑，但是灵魂一直都知道你此生为何而来。第五，重视榜样的带动作用，看名人的自传、传记，看一些励志的文学作品，跟一些活得通透和高尚的人多交流。最后，循序渐进地开发自己的大愿。

积极淡定，向愿而行

人生在世，总要树立目标。关键是目标的来源：是横向与他人比较而来的还是纵向与自己的内在比较而来的。**要活成世俗眼里成功的人还是自己灵魂嘉许的人，是一个艰难的选择题。**当一个人总是横向与别人对比的时候，很容易因外界因素而焦虑，也很难得到深层次而持久的幸福。只有当一个人树立了自己内在的标杆，立志要做理想的自己时，才能更加积极淡定。愿力强大的人会心怀梦想、坚守信念，有愿力驱动的人做事情更专注，更坚守原则和信念，更有毅力，更少受外界干扰。

■ 驱动潜意识力量，全力以赴

愿力还有一个最重要的作用，那就是激发潜意识的力量。我经常比喻说**发大愿就像给自己的人生设一个自动导航的终点，潜意识会自动把你的能量投入到大愿上。**很多人喜欢制订详尽的年度计划和日程表。我却以为正规的计划和日程表只能驱动人们有意识地做事，不能驱动潜意识能量。潜意识会在闲暇时间开启自动导航，默不作声地把能量投入到大愿上。

萧伯纳说，做自己所以为伟大的事，并为之全力以赴，是人生最大的幸福。当一个人为自己想要的东西而忙碌的时候，就没有时间为不想要的东西而担忧了。把更多的精力倾注到真正重要的事情上，不再为自己那点芝麻绿豆的事情纷争。

■ 用灵魂升华对抗肌体衰老

我的一位学生说他的公司上市以后，他就基本实现财富自由了，满以为财富能给他带来更多的幸福，没承想财富却加剧了他的内在分裂。每天早上起来他都要思想斗争一番，内在有一个声音说："都赚这么多钱了还要工作，不能只有工作没有生活。"又一个声音问："挣再多的钱又有什么意义？再多挣几千万又如何？"最后一个可怜的声音说："不去上班，我又能干什么？"他感叹说，多年的打拼让他几乎丧失了享受生活和感受自然的能力，成了一个无趣的人。

我说："你这是典型的意义危机。人到中年，一方面已经小有积累，财富带来的幸福感越来越小，边际效应递减。另一方面，却不得不面对走向衰老的现实，年老色衰、体力下降，当这些衰老的信号出现了的时候，你会意识到迟早要把舞台让给年轻人的。"

怎么办呢？必须用另一种力量对抗衰老，必须另辟蹊径，不能跟年轻人比体力、比活力。**只有用一种向上的力量来对抗衰老的趋势，向内探索，活出更高尚的感觉。**这种向内求的力量为生命赋予更高尚的意义，以对抗衰老带来的自卑和恐惧。

■ 心怀梦想，才能更坚持

韩信在发迹之前，曾经有过两次生死的考验，颇能阐释愿力的作用。其一是脍炙人口的韩信受胯下之辱的故事。如果韩信当年一时冲动，面对淮阴少年的挑衅，一怒之下跟他拼了，那么就不会有尽人皆知的功高盖世、名垂青史的韩信。为什么韩信甘受胯下之辱？因为他对自己的未来有积极的预期，强烈的使命感驱使他不能意气用事。另一次生死的考验是他投汉之初，犯法当死，在临死前的考验，前面十三人已经被砍头，轮到韩信的时候，是什么力量驱使他大声呐喊：“刘邦不是要得天下吗？干吗要杀壮士？”是本能的求生欲吗？我看不尽然，这依然是一种梦想的力量，他对自己的未来有积极的预期，所以他不放过任何一次可能的机会，死到临头还不放弃。可见韩信在很落魄的时候，就胸怀英雄的大志。苏轼说：“其所挟者甚大，而其志甚远。”因为志向远大，所以能忍常人所不能忍，为常人所不能为。曹操说：“夫英雄者，胸怀大志，腹有良谋，有包藏宇宙之机，吞吐天地之志者也。”韩信符合英雄的标准。

禁忌之处显风骨。禁忌之处可以理解为危急关头、关键时刻、两难境地、艰苦困境，当人们在这些紧要的关头做出尊重自己的选择，才叫显风骨。风骨可以理解为价值观的中国式表达。这句话也可以理解为关键时刻显现一个人的价值观。价值观就是人们最在乎的、最重要的、愿意用毕生精力去追求的某种精神，平时价值观隐藏颇深，一到关键关头，人们面临选择的困境时，价值观就显露出来，发挥它的影响力。

人既要与时俱进，又必须要有一些自己坚持不变的原则和追求！风骨是坚守出来的！尽管我们不知道未来会发生什么，但无论发生什么，我们都应该坚守自己的善良和原则，活出英雄本色。

忘却感性的烦恼

感性的烦恼是一种源自外在的干扰，一个人内心越坚定，抵抗外在干扰的能力越强。当人们在按自己设定的轨迹前进的时候，难免有人说三道四，这些外在的评说有时候会影响我们的心情。甚至也可能有来自外部的各种诱惑让人陷入选择的纠结中，这些都是感性的烦恼。志向不够远大，毅力不够坚强的人很容易陷入感性的烦恼中。感性的烦恼就像旋涡，一旦陷入旋涡要想再出来就要消耗很大的精力和时间。人的精力总是有限的，在旋涡中消耗多了，用于实现梦想的精力就少了。

有一类人生怕被时代淘汰，所以拼命地赶时髦。外部环境变化越猛烈，他们就越焦虑，这股焦虑驱使他们拼命地学习，一天不看书、一天不听音频就感觉对不起自己，对不起时代。有需求就有市场，有人因为时代跃迁太快而焦虑，就有人通过危言耸听、贩卖焦虑赚钱。不想落后时代的人拼命地学习、追课，几年下来，花了不少钱，听了不少课。蓦然回首，却发现自己并没有比周围的人领先多少或高尚多少，照样过不好这一生。于是，他们迷茫了。

志向坚定、内心强大的人能够很好地应对感性的烦恼，因为他有强烈的使命感和责任感，知道自己要到哪儿去，知道什么对自己是重要的。有愿力的人就好比大树有根，就足以抵御风吹雨打，感性烦恼就是来自外在的风吹雨打。忘却感性的烦恼就是提醒我们要抵御外在干扰，心无旁骛地实现自己的梦想。

第五章

自控力：夺回生命的主宰权

顾名思义，自控力就是自主支配自己能量的能力。康德说：“真正的自由不是随心所欲，而是自我主宰。”人能主动控制自己做什么或者不做什么，而动物只能被动地进行应激反应。自控力要探讨的就是时间和精力的分配和运用问题。从能量摄入的角度看，无论一餐吃多少食物，最终都会转化为若干热量。但能量运用方式千差万别，人与人之间的差异全然在于对每天摄入能量的分配和运用方式上。**成功人士和普通人最根本的区别在于能量运用方式的不同。**决定一个人能量的分配和运用方式的是心智模式，心智模式可以理解为人的软件系统。我们每天从外界获得的能量有多少是按自己的自由意志支配的？又有多少是应付外界刺激被动消耗的？这二者的比例可以衡量一个人能够自我主宰生命的程度。一个人自我主宰的能量比例越来越高，那你就越来越接近人；反过来，被动消耗得越多，就越接近动物。

简言之，日积月累的能量分配和运用方式就成了性格和习惯，性格决定命运，习惯造成差异。《周易》云：“善不积不足以成名，恶不积不足以灭身。”格拉德威尔在他的《异类》中指出：成功就是“优势积累”的结果。当然，也可以理解为失败是“劣势积累”的结果。每个人对外部刺激的反应，都能折射出其内在能量的分配和运用方式，不同的习惯造就不同的人生。

掂不来轻重，也谈不上自控力

自控力所追求的目标是让一个人能够把更大比例的能量分配和运用到对自己而言更重要、更有价值、更有意义的事情上。那么，首先要搞清楚人生在世，什么才是最重要的。或者说，要活成一个什么样的人生才算圆满。掂不来轻重，不知道什么是真正重要的，自然也谈不上自控力。

比如某个职位，说是你的就是你的，说不是你的就不是你的。而你在工作过程中发展的能力却永远属于你。人在职场，一定要区分哪些东西是职位赋予的，哪些东西是长在自己身上的。职位、权力、荣誉甚至财富都容易流失，而真正重要的、永远属于你的无外乎以下几样东西。

■ 心中的梦

如我们在愿力模块所讨论的，一个人只有找到值得为之奋斗终生的使命和愿景，能量运用才会更加聚焦，才能从容而坚定，不再为感性的烦恼所困扰。稻盛和夫说，只要你知道想要去哪里，整个世界都会为你让路。尼采说，知道“为什么”的人几乎能够克服一切“怎么样”的问题。

■ 未来的时间

手机电池有一个剩余电量的比例，提醒用户真正可以消耗的电量都是剩余部分。类比人生，真正属于你的就是未来的时间了。今天以前的时间犹如哗哗流出的水，已经被我们用掉了。唯一可把握的是当下和未来，每一个当下都是最年轻、最有活力的自己。当你缅怀过去的时候，最年轻、最具活力的当下又被你用缅怀的方式挥霍掉了！每个人都应该最大限度地用好当下和未来的时间去追求自己的梦想！

■ 学来的知识

真正属于自己的还有学来的知识！睿智的人都知道智力投资是回报最高的投资！知识的积累需要漫长的过程，积累得越多，价值越大！所谓十年树木、百年树人，饱学之士一定是长期积累出来的，知识不能像电脑拷贝文件那样，拿个优盘拷贝过来完事，积累的过程没有捷径。

■ 养成的习惯

好习惯能大大提高做事效率，使你做到事半功倍。习惯的养成却需要花大量的时间和精力去刻意练习，最后达到潜意识自动化反应的效果。卖油翁让油穿过钱孔而不沾的功夫是长时间训练的结果，每一份淡定从容背后都饱含心血和汗水。拥有一个好习惯是成功人士的共性！

结来的善缘

良师益友的珍贵友谊也属于自己。在工作场景中，每个人都扮演着自己的角色，人与人连接过程中建立的友谊却是自己的。当然，因工作两相交恶结下的梁子也不在少数。因此，人品很重要，要与人为善，你的所作所为无不折射出你的修为。《易》云：积善之家，必有余庆。

投资未来才会未来可期

朱熹说，天下之害，无不由末之胜也。意思是本末倒置是造成诸多不幸的本源。很多人迷失在繁忙的工作中，而忽视了真正重要的东西，以为财富是人生的全部，为之殚精竭虑，临了才发现，真正重要的东西被忽视。职位、权力、名声、财富等最终不属于你，再轰轰烈烈的人生也有谢幕的时候，临走的时候什么也带不去。

着眼未来的决策框架

一位学员找对象选择困难，我对她说：“其实这个问题也不难决策。

首先要罗列你关注的方面，比如颜值、学历、人品、进取心、财富等，这些元素你要加以区分，问自己两个问题：第一，哪一些元素属于这个人身上的核心特征，即长在他身上的；哪一些属于环境、出身赋予他的？前者相对稳定，后者则容易变迁。第二，时间维度，哪一些元素会随时间增值，哪一些会随时间贬值？比如颜值一定会随时间贬值，而上进心却容易随时间增值，人品则相对稳定。”

选择对象的简单建议中隐藏着一个不变的筛选厘清重要元素的框架，可以帮助你快速地识别重要元素，指导你有意识地关注和发展重要元素。这个框架有两个维度，一个维度是时间：看从当下到未来的发展趋势；另一个维度是重要性，区分核心特征和表面特征。

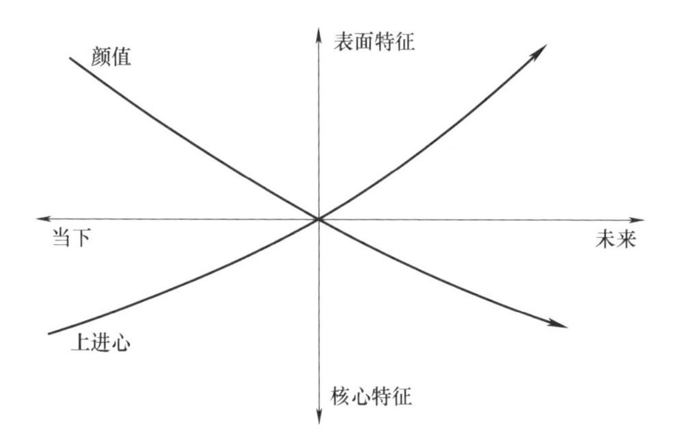

难以决策的情境通常是因为一个人难以区分表面因素和本质因素，或者不能长远思考。思考框架限制一个人的认知水平。我们的目标是把能量更多地投入更重要、着眼未来的事情上。一个人将来有没有出息，就要看他当下的时间和精力都花到哪儿了。花时间用来娱乐、玩游戏、享受生活，本质上是一种精神消费；花时间学习、努力工作，本质上是一种投资。人是能够有意识地进行自我演进的物种，我们可以规划一下自己5年后、10年后的未来，可以努力成为自己想成为的那个人。这就涉及精力的运用，如果一个人总能够把部分注意力用于投资未来，做一些为未来做准备的工作，那么，其未来一定可期。如果有人总是享受当下，甚至透支未来，那么，其未来一定很凄凉。把时间和精力投向未来可以理解成一种投资行为，把时间和精力只用于享受当下的话，那就是一种消费。投资未来的一定未来可期，只享受当下的必然越活越艰难。孟子说："人之所以异于禽兽者几希。庶民去之，君子存之。"意思是人和禽兽之间的区别并不大，一般人模糊了人与禽兽的差异，而君子则努力在扩大这种差异。

重精神内涵的决策思维

人生的本来目的是让心性提升，但有些人发现大家都在追求财富，自己也跟着追求财富，后来由于走得太远，以至于忘了当初为什么出发。过度追求财富的功利心会透支你的生命。当然，我不是说财富不重要，财富是生存的必须。我只是强调追求财富不是人生的全部。每个人都需要一种无形无体、无色无味的精神元素，为其所作所为赋予意义、价值和尊严。**缺失了意义和价值，做事情犹如吃没盐的饭，变得寡淡。**只有当外部环境恶化，遇到严峻挑战的时候，精神的力量才会爆发。

有意思的是，**真正重要的东西往往是那些世俗的眼光看起来不怎么重要的东西。**蒋勋讲过一个故事，说有一个老板为了帮助他的管理层缓解经营的压力，请蒋勋给他们讲什么是美。蒋勋说："我知道给他们讲美是没有用的，过得像个人才能看到美。当下，人们都活得着急，对日常生活中俯拾皆是的美视而不见，充耳不闻，更谈不上去倾听内心的需要，去找寻自己的精神所依。无论清贫还是富有，如若不善于发现美好的事物，这个人注定是焦虑的、浮躁的和不快乐的。"迷恋幻象的人是发现不了美的。

身心合一是永恒的话题

表面上看，一个人是自主分配和运用注意力进行决策和反应的，往内在深挖，就会发现决策或反应的时候，内在并不是和谐一致的，决策其实是思想斗争的结果。有时候我们需要用意志力强迫自己做什么或者不做什么，这种努力实际上是一股能量征服另一股能量，表现出来的能量是内在两股能量消耗后的剩余能量。有时候，大家尽管做同样的事情，表现出同样的行为，但每个人内心的状态只有自己知道，有人是和谐一致、身心合一的，有人则是内在分裂、表里不一的。

可以简单地把我们分为"身"和"心"两部分。用乔纳森·海特的《象与骑象人》中的隐喻，心就是"骑象人"，是内在的指挥官；身就是"大象"，是执行任务的士兵。能做到身心合一对一个人来讲是非常幸运的事情，会进入一种内在和谐的心流状态，也是能量内耗最小的状态，在这个状态下做事情是一种享受。但更多的时候，我们身心并不是合一的，有时候心想做，但身不听指挥，调动不起来，这叫有心无力。有时候，我们内心不想做，但管不住沉溺的身体，比如打游戏、喝酒、抽烟等让人上瘾的事情。

从心和身两个维度思考，除了身心非常一致地享受工作之外，还有三种情况需要运用各种策略来实现注意力的自我掌控。

心不想做，身控制不住

当心控制不住身的时候，身体就成为暗耗能量的黑洞，如打游戏、抽烟、喝酒等这些成瘾的行为，不仅无谓地消耗着你的能量，想控制这些行为还要额外消耗意志力。意志力本身也是一种稀缺脑力资源，每个人每天的意志力资源是有限的，所以，如果你白天过度消耗意志力的话，晚上筋疲力尽的时候就较难抵抗诱惑，容易放纵自己。曾有位学员分享她做客服工作的经历，每天上班非常辛苦，对付完各种难说话的客户之后还要应付严苛的领导。晚饭后，就想稍微放松一下，禁不住刷手机，常常一看就几个小时，想看的书一页都没看。上班时就把一天的意志力资源耗光了，晚上被过度管制的内在“狗熊”就会报复性地放纵。总之，无论你刻意控制自己做什么还是不做什么，都要消耗意志力。

比如打游戏上瘾的行为，背后有一个潜意识层面的愉悦回路。就像巴甫洛夫训练狗形成的条件反射一样，条件反射的本质是建立和强化大脑的愉悦回路。愉悦回路的力量很强大，要干预它、控制它，就得有更大的能量消耗。建立愉悦回路时尝了多少甜头，阻断愉悦回路就要吃多少苦头。所以，查尔斯·都希格在《习惯的力量》中说：**习惯不能被消除，只能被替代。** 我们要建立新的愉悦回路去替代原来的愉悦回路。比如说某人要戒烟，那么，原来他是靠抽烟形成的愉悦回路释放多巴胺的，如果要野蛮地戒掉，大脑内部缺失的多巴胺靠什么来补充？必须在另外一件事情上建立一个新的愉悦回路，用新的方式释放多巴胺。当然，新愉悦回路的建立也需要一个先苦后甜的刻意练习过程。你只能用新的愉悦回路替代旧的愉悦回路，而不能野蛮地让大脑停止某种愉悦回路而造成多巴胺缺失或者其他神经递质的结构失衡。有时候你越用意志力控制，越容易造成报复性的反弹。所谓的努力是用一股能量去征服另外一股能量，征服模式总归是一个自我消耗的方式。

对付“心不想做，身控制不住”的情境，可以有以下几种策略。

第一，激发愿力。上一章说到愿力是第二动力源。人们用意志力控制潜意识能量，而用愿力去驱动潜意识能量。千言万语都不如给潜意识植入一个画面，给潜意识设定一个自动导航的目的地，之后人们就“不思量，自难忘”地把能量聚焦到目标上。没有打开愿力的人，只能靠意志力控制言行，而意志力又是容易耗尽的稀缺资源。只有打开愿力，内心想干的事情不仅有了第二动力系统，而且有第二制动系统用以控制身体不沉溺在与目标无关的游戏里，也不会被感性的烦恼绑架。因而，自控力不足，有时候是因为愿力没打开。心力的五个要素是相互影响的。

第二，条件满足。可以跟自己的内在“狗熊”达成某种契约，完成某项任务后可以适当放松一下。比如读完一本书可以允许自己刷半小时手机，把要干的正事和“狗熊”渴望的休闲放松捆绑在一起，让休闲成为一种对内在“狗熊”的奖赏，既不因过度管控而消耗更多意志力，也能对内在“狗熊”进行激励。还有，要对休闲放松设定限制，控制时间，绝对不能由着性子放纵。所以，每个人都有个毕生的功课，就是驯化自己的内在“狗熊”。

第三，转移焦点。内在“狗熊”沉溺某种行为不能自拔是因为其要靠这种行为释放多巴胺。如果能够用替代的行为或方式释放多巴胺，原来上瘾的坏习惯也就可以被替代了。培养和发展积极健康的可替代的愉悦回路才是解决问题之道。现在的小孩很幸福，家里玩具很多，但孩子的注意力是有限的。所以你会发现，小孩经常会在一段时间内迷恋一个玩具，而迷上一个新玩具的时候就渐渐疏远了以前的旧玩具。玩具可以替换，但是通过玩具获得快乐、释放多巴胺的本质并没有改变。对成年人来讲，让自己快乐是一种能力，发现和发展工作中的乐趣，积极培养更加健康有意义的愉悦回路是让自己幸福的重要能力。

第四，借助外力。自己的意志力不够，可以借助别人监督。我的一位高管朋友有一次就高调地向全部门宣布：“我从今天开始戒烟，请大家监督。即日起凡看见我抽烟者，可以直接向我要一百块钱，见者有份。”此举就是借助外力监督自己，每每内在“狗熊”的烟瘾犯了的时候，自己就会想到既掏钱又在下属面前颜面尽失的后果。很多聪明的人会把自己内在“狗熊”的管制权适当给他人一些，这也不失为一个好方法。

■ 心想做，身特别抗拒

如果一个人要未雨绸缪地为未来发展做点准备，比如学习，心特别想，但身体会抗拒。内在“狗熊”总喜欢得过且过，舒服一秒算一秒。当然，显而易见的策略还是用强大意志力去逼自己去做，但潜意识没形成愉悦回路，避免不了内在分裂的痛苦。为什么打游戏能上瘾，而学习不能上瘾？因为打游戏的时候，每一个操作，就会有相应的结果反馈，这个反馈就激励了你，于是就形成了愉悦回路。而学习不能上瘾的原因在于学习过程中的愉悦回路较难形成。比如背了 50 个单词，英语成绩没有提高，再背 50 个还没有提高，背英语单词和提高成绩之间的反馈链很长，不能得到及时有效的反馈，所以比较难坚持。对心想做而身抗拒的情境，我也有四个建议：

第一，及时庆祝。一方面，要用意志力努力让自己迈开第一步；另一方面，始终要清楚，需要长期消耗意志力的事情一定不可持续。好习惯的养成一定有一个逐渐培养内在的动力而渐次降低意志力比重的过程，这个过程就是帮助大脑逐渐建立新模式的愉悦回路过程，需要对过程中的小小进步及时庆祝，需要各种及时的、积极的外部反馈。有人为了坚持跑步，就晒朋友圈，朋友圈的点赞就是一种积极的反馈，当然也可以自己激励自己。物质激励也是一种反馈，但也要清楚，所有靠外在物质的激励都是手段而已，要逐步把外部激励转化成内部激励，即内在精神元素的激励。

第二，视觉想象。清晰的愿景能够最大限度地调动人的内在动力，**愿景 × 逼真的想象＝未发生的未来。** 视觉想象是创建愿景的重要方法，也是为目标赋予动能的最好办法。可以用冥想的方式创建目标实现的画面，提前去体验成功后的高光时刻，画面越生动、越具体越好。当生动的画面深刻地印在脑海里的时候，想象这个画面本身就能释放多巴胺，促使人们采取行动。清晰的愿景会自动整合潜意识动力去驱动人们采取行动、寻求资源、克服困难。善用想象的力量驱动潜意识、激发内在动力似乎是成功人士必备的重要素质。

第三，跟随榜样。要解决内心很想做但行动力不足的问题，另一个好办法是寻找身边的榜样，最好是找到一个有同样目标的圈子。你是谁不仅取决于你内心的愿景，还在很大程度上受你所处的社会环境影响，也就是说你处在什么圈子中。近朱者赤，近墨者黑，聪明的人善于借助场域的力量驱动自己改变。在 20 世纪的某一个下午，柏林的一家咖啡馆里，聚集了那个年代最有名的心理学家。他们当时还都是一些平凡的人物，譬如勒温、阿德勒等人，有的人不远万里也要来这喝一杯咖啡，有的人坐飞机去坐飞机回，只为参加这个大咖聚会。他们曾留下一张无比珍贵的合影。在之后的岁月里，他们大都成了世界级的大咖。

第四，工作清单。内在“狗熊”喜欢简单的指令，所以可以事先列一个任务清单，按清单作业可以给内在“狗熊”清爽的感觉，也不用多操心，照单抓药，节约意志力资源。

■ 身心都不想做，却不得不做

最后一种情况也非常值得讨论。太多的时候我们会遇到身心都不想做，但迫于某种现实压力不得不做的情境。我行我素地不去应付，则可能把自己弄得一团糟；不加区别地对待，则可能被这些琐事搞得筋疲力尽。活在这个世界上，人人都是在戴着镣铐跳舞，没有人可以为所欲为，那就要用相对节省能量、控制消耗的方法做好各种应付。

第一，难事先做。困难的事情，硬拖着不去做，总放在心上会影响人的心情，暗耗人的注意力。最好的策略是索性先做，早上起来先把最畏难、最抗拒的事情办了，就一身轻了。我的一位朋友说他每天晚上要罗列明天要干的重要事项，无论列多少项，最后都选出其中最重要的三项，然后再评估自己内心的抗拒程度，早上一定拿最畏难、最抗拒的那件事开刀。先做困难的事情，做完以后特别有成就感，又释放了一块内存，让自己的每一天都能有一个特别好的开始。**先做困难的事情也是延迟满足能力的一种表现，成功人士总会抑制他的短期好恶来服务于他的长期目标。**

第二，果断说不。很多时候，我们以为的不得不做的事情也许只是自己的感觉，是自己没有勇气、磨不开面子说不。甚至内在还有很深的限制性信念：比如我不重要、不值得的模式，或者别人对我来讲非常重要。缺乏说不的勇气也是人格不独立的表现。格雷格·麦吉沃恩在《精要主义》中给了一个 90% 法则：在进退维谷难以决策之际，可以对事情的重要性打分，如果得分低于 90%，就自动把评分降为 0，并果断地淘汰它。他主张：**如果不是一个确定的“是”，那就是一个肯定的“不”。**当然也不可以不懂权变地一概说不，这就要求你在决策时要能够想得长远、顾全大局、看清本质。也许今天不重要的事情，明天却要付出加倍的努力来弥补；从自己的角度看不做就省事了，却给大局造成无法弥补的损失。

第三，学会“摸鱼”。清华大学有位学生在网上开了一门课，叫《摸鱼学导论》，意在帮助同学们专业地“摸鱼”：应对日益增长的学习压力，帮助大家花最小的代价应对内心不想学而又不得不学的课程。节省能量、控制消耗地应对那些不得不做的事情是一种适应环境的重要技能。杰克·韦尔奇在通用公司当事业部负责人的时候，就专门设立了一个工作小组应对总部要求的各种报告。后来因为业绩好，还会主动报告，顺利获得提拔。等他当上最高领导的时候，断然向这种形式开炮。我想说：**不会专业地“摸鱼”，也不会成为真正的精英。**

第四，寻找替身。当你分身乏术的时候，授权或寻找替身是一个很好的策略。也许对你而言很难办的事情，有人可以轻松搞定，那就付出点代价让专业的人来做，你腾出精力做更擅长或更重要的事情。也许你已经厌倦了的、勉力应付的事情，恰是你的下属想参与、想学习的事情。有寻找替身的意识是个人效能提高的重要标志。

■ 盘点你的注意力结构

每个人都可以盘点一下自己当下的注意力结构，先画一个坐标系。坐标系的横轴代表心，右边代表心想做，左边代表心不想做；纵轴代表身，上面代表身想做，下面代表身不想做。你可以回顾一下手头上的事情，分别填到四个象限中去。如果你的大部分事情都在第一象限，也就身心合一地想做，那你就太幸运了，活出了理想的状态。如果有一大部分事情是你的身想做心不想做，也就是在第二象限，即你有很多行为自己是控制不住的，就要思考，怎样才能将自己从沉溺中拔出来，或转移焦点，或条件满足。如果大部分是身心都不想做却不得不做的事情，就要思考如何果断说“不”，如何专业“摸鱼”，当然也可以授权，尽可能拓展自己的自由空间。如果大多数在第四象限，就是有心无力的情境，就要思考如何注入动力。

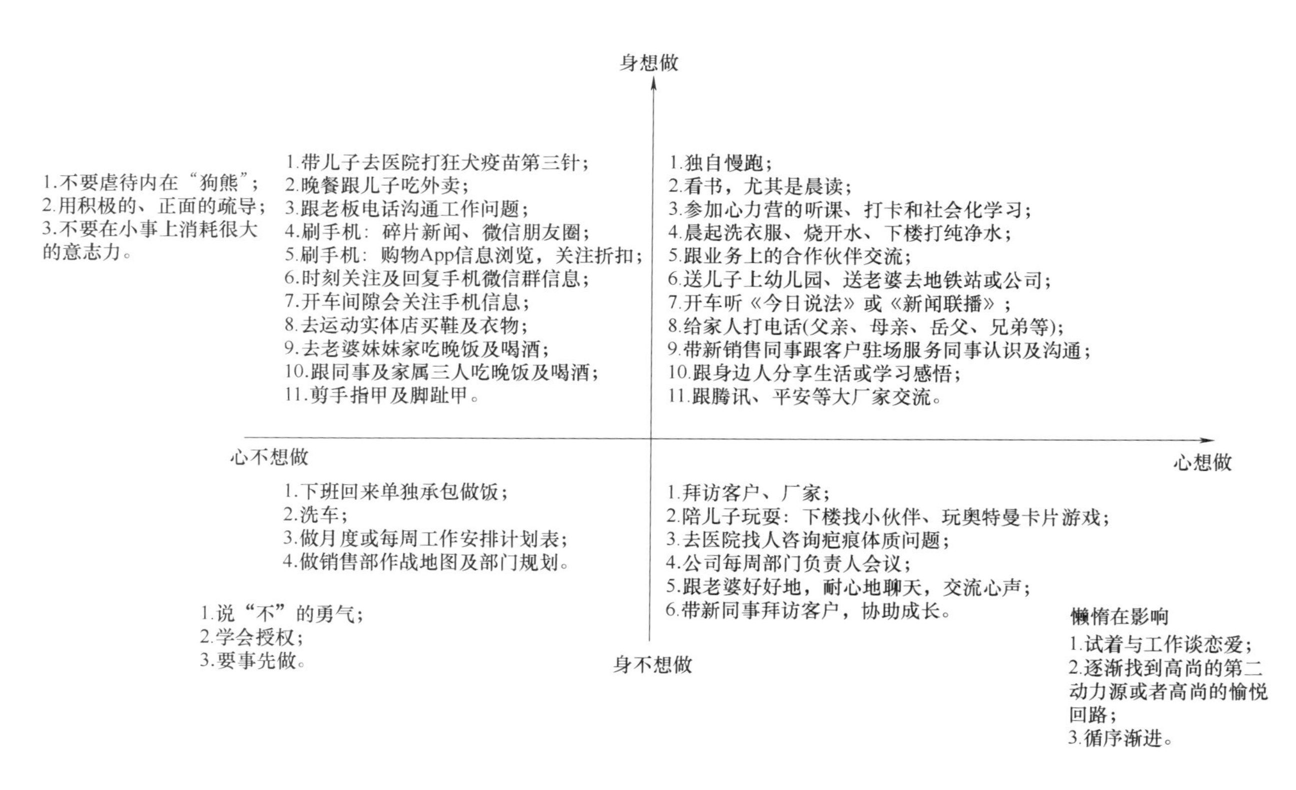
身想做
1.不要虐待内在“狗熊”；
2.用积极的、正面的疏导；
3.不要在小事上消耗很大的意志力。
1.带儿子去医院打狂犬疫苗第三针；
2.晚餐跟儿子吃外卖；
3.跟老板电话沟通工作问题；
4.刷手机：碎片新闻、微信朋友圈；
5.刷手机：购物App信息浏览，关注折扣；
6.时刻关注及回复手机微信群信息；
7.开车间隙会关注手机信息；
8.去运动实体店买鞋及衣物；
9.去老婆妹妹家吃晚饭及喝酒；
10.跟同事及家属三人吃晚饭及喝酒；
11.剪手指甲及脚趾甲。
1.独自慢跑；
2.看书，尤其是晨读；
3.参加心力营的听课、打卡和社会化学习；
4.晨起洗衣服、烧开水、下楼打纯净水；
5.跟业务上的合作伙伴交流；
6.送儿子上幼儿园、送老婆去地铁站或公司；
7.开车听《今日说法》或《新闻联播》；
8.给家人打电话(父亲、母亲、岳父、兄弟等)；
9.带新销售同事跟客户驻场服务同事认识及沟通；
10.跟身边人分享生活或学习感悟；
11.跟腾讯、平安等大厂家交流。
心不想做
心想做
1.下班回来单独承包做饭；
2.洗车；
3.做月度或每周工作安排计划表；
4.做销售部作战地图及部门规划。
1.说“不”的勇气；
2.学会授权；
3.要事先做。
1.拜访客户、厂家；
2.陪儿子玩耍：下楼找小伙伴、玩奥特曼卡片游戏；
3.去医院找人咨询疤痕体质问题；
4.公司每周部门负责人会议；
5.跟老婆好好地，耐心地聊天，交流心声；
6.带新同事拜访客户，协助成长。
懒惰在影响
1.试着与工作谈恋爱；
2.逐渐找到高尚的第二动力源或者高尚的愉悦回路；
3.循序渐进。
身不想做

意志力的开源与节流

意志力是特别稀缺的资源，能量的自我主宰很大程度上要靠意志力。少一些无谓的消耗，就能腾出更多的意志力去干更重要的事情。对无谓消耗的事情，在沉溺之初，就要果断地干预，等到其形成很强的愉悦回路时，大脑要依靠这种沉溺释放多巴胺，想要再戒断就要消耗更多的意志力。所以要“为之于未有，治之于未乱”。没什么成就的人，往往是不能控制自己的恶习的人，极易陷入注意力和意志力的恶性循环。

老子说，天下难事必作于易，天下大事必作于细。对于有意义、有价值的事情，要尽早培养习惯，好习惯能让人终身受益。坚持好的习惯，形成愉悦回路，你就可以做到卓有成效且毫不费力。高效能人士是善用意志力养成好习惯的人士，花很少的注意力或者意志力资源却能起到事半功倍的效果。好习惯对事业的成功、家庭的幸福起决定性作用，还能帮你节约大量的意志力资源，去有意识地做更有价值、更具挑战的事情。这样就形成了一个良性循环。

无论我们要坚持做什么或坚持不做什么，都需要意志力，长期持续的意志力就是毅力。**毅力是一种精神肌肉，也是可以通过锻炼得到提升的。**

三岁看老的唯一靠谱指标

棉花糖实验是心理学上最著名的实验之一。沃尔特·米歇尔教授以一群4岁的小孩为研究对象，让他们选择：愿意立即得到一块糖，还是愿意忍半小时得到两块糖？一些小孩选择立马得一块糖。而另一些小孩就愿意忍一忍得两块糖。后来的跟踪实验发现，那些选择忍一忍得两块糖，即能做到延迟满足的孩子，较之要即时满足的孩子，长大后普遍更有作为、更成功。棉花糖实验本质上是在测试一个人的意志力和自控力，并且揭示了其与成功的相关性。延迟满足能力就是人们为了得到未来想要的东西而选择克制当下欲望的能力，因此，也不难理解这种能力与成功的内在联系。人们常说三岁看老，实际上心理学家一直在努力探索孩子身上那些能够预测和影响其长大后作为的特质，而延迟满足是唯一被证明了的特质。该特质的本质是愿意为了更好的未来、更有意义的结果而抑制自己当下欲望的能力，对成功当然很重要。

好消息是延迟满足能力通过有意识的训练是可以提高的。比如做俯卧撑，今天做20个，明天做23个，后天再做26个……每一次都比前一次多一点，恰到好处地拓展。再比如，3岁小孩走不动了让父母抱，父母就可以跟孩子做个延迟满足的游戏。如果再走5棵树的距离就抱你，然后与孩子一起数5棵树。明天就可以把目标设为6棵、7棵……像这样来逐步提升延迟满足能力。**成功人士身上的共通点是，为了未来更宏大的目标和有更有意义的结果，而自愿牺牲当下某些享**

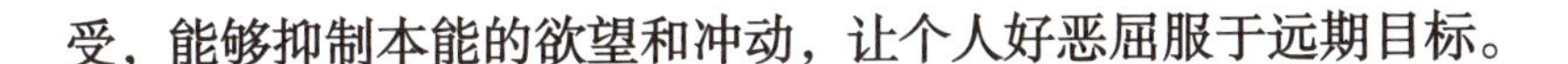

受，能够抑制本能的欲望和冲动，让个人好恶屈服于远期目标。

■ 外激励与内激励

有人为了减肥而坚持跑步，每天把自己的跑步记录分享到朋友圈，实际上是想借助社会力量的监督和鼓励让自己坚持下来。凡靠外在的物质刺激或者社会赞誉而驱动的激励是一种外激励，外激励的持续性是很难保障的，而且边际效应递减，新鲜感过去了，成就感就小了，需要更大的刺激才能维持。有很多人开始玩视频号时总渴望别人点赞，玩了一阵子后发现每天的点赞并没有明显提升，这时候他就很容易因为边际效益递减而放弃。

想要坚持下去，只有把外激励转化成内激励。也就是说，成就感并不依靠外在给予什么而获得，而是通过自己内在感知的成长、意义等获得。比如，在录制视频的过程中发现自己的表达能力提升了、效率提高了、做的事情更有意义了等，甚至会觉得录视频是一种把学来的知识和生活感悟通过表达加以整理和深化理解的好手段，录视频的动力就不是单纯靠别人点赞了。

外激励很容易枯竭，只有及时地把外激励转化成内激励，用更高层次的精神愉悦回路替代依靠外界因素满足某种欲望的低层次愉悦回路，到最后彻底摆脱外激励而形成性格和习惯，才能把工作变成事业，把任务变成爱好。也可以说，外激励刺激意识能量，内激励激发潜意识的能量。意识能量和潜意识能量合一的时候，一个人才能达到最理想的状态。这种内部能量高度和谐一致的状态最节约意志力资源，你就可以有意识地开展更有意义的工作了。

与工作谈恋爱

工作一般都是外部强加给你的，人们为了获得物质报酬而不得不选择忍受工作的一些负面影响，报酬是驱动工作的外激励。为了让自己幸福，以更好的状态开展工作，发掘工作中的内激励因素就显得非常必要。我经常说：**菜鸟忽悠别人，高手忽悠自己。**自己说服自己的过程实际上是自己的意识与潜意识谈判的过程。某项任务来了，能否驱动自己的潜意识想象：该任务顺利完成之后我将获得什么样的成就感，借助该任务我将会得到什么样的锻炼和成长，完成任务的过程中将能发挥我什么样的才干，借助该工作能发展什么样的社会关系等。通过有意识的自我对话，促进自己的意识和潜意识合一。意识和潜意识的和谐度每增强一点，做事过程中的意志力消耗就会少一点。充分开发了自己的内在动力，你在工作中就会更加积极主动、全情投入。点滴收获都是自己主动折腾的结果，而更加积极主动、全情投入地工作，收获也一定更大，从而使自己进入一个良性循环。

有学生问职业倦怠该怎么办？我说：“**没有倦怠的职业，只有倦怠的人。**”倘若你总是被动应付工作，必然消耗更大的意志力资源，努力的本质是用一股能量征服另一股能量，所以表现出来的效能实际上是两股能量抵消后的余量。低效能状态的工作，其收获自然也有限，不仅物质回报有限，能力成长更加有限。很多人喜欢把没经验作为不去做的借口，积极地看，没经验恰是要去做的理由。试问，谁的经验是从娘胎里带来的？关键的问题是有没有积极主动地促进内部意识和潜意识的自我谈话，事先就有意识地消除内在分裂，把忍受改造为享受。比如棉花糖实验中的 4 岁小孩，可能在等待两块糖的 30 分钟里，就能体验到战胜自己欲望，成功控制自我的深层次快乐。而这种深层次的快乐比即时满足所带来的快乐更强烈，一旦找到了意义，等待的痛苦就不再是痛苦。

■ 幸福是一种能力

本·沙哈尔的幸福观是，幸福等于快乐加有意义。有意思的是，影响幸福的两个因子都很主观，因此让自己幸福是一种重要的能力！

先说第一个因子：意义。马克斯·韦伯说，人是悬挂在自己所编织的“意义之网”中的一种动物。探寻意义似乎是人的本能。我们面对一件事情时，是否能找到它对自己的意义，我们的状态是完全不同的。因此，**发现和赋予意义是一种极其重要的能力！**

影响幸福的第二个因子“快乐”是一个更主观的因素。寻找快乐也是一种能力，每个人都应该具备从生活和工作中找乐趣的能力，能够把不得不做的事情转化成有趣的事情，能从看似枯燥乏味的事情中寻找乐趣。一旦找到乐趣，就解决了自己全身心投入的底层动机问题，而一旦全身心投入，真的就会获得乐趣，从而进入一种良性循环。所以，**爱是一个动词而非形容词或副词，与工作谈恋爱是一种能力。**

以老师为例。作为老师，首先要爱自己的学生，你才能发自肺腑地投入教学工作，想尽一切办法让你的学生变得更好。如果你用心教学，也必然会收获教学的乐趣和更高效的教学技巧，从而把课堂从师生相互应付的模式改造成师生相互成就的模式，你和学生的关系也变成相互滋养的关系。你就能逐渐体会到：老师是一个富足的职业，传道授业并非“燃烧自己，照亮别人”的牺牲，而是一个“既能照亮别人、更能富足自己”的双赢过程，今天收获的不仅仅是来自学生的感恩，还有自己日趋成熟的心智和富足的心态，更有随之而来自由感和效能感！

没有人能够幸运到所有遇到的工作都是自己最喜欢的。关键是在遇到不喜欢、不会干的工作时，能够与工作谈恋爱，在工作中找到能够发挥个人特长的弹性空间，把激情与智慧都倾注到工作中，借工作激活自己的高级机能，发展自己的能力，绽放自己的才干。有一个学生说他的工作缺乏成就感，也没有成长性，就是待遇还可以，所以只好忍着。我说：**工作不仅仅要有可观的收入，更要有可歌可泣的故事，不能绽放的工作一天都不能忍，不能成长的工作一天都不能忍，没有成就感的工作一天都不能忍。**因为工作中的每一天也是人生中的每一天，如果不能幸福地工作，只有两条出路：第一，跟工作谈恋爱，为其赋予意义，寻找快乐。第二，果断走人。

不滥用意志力

凡事太过努力就会过度消耗意志力。借用作用力和反作用力的原理来说，作用力越大，反作用力也越大。如果滥用意志力压制自己的动物本能，当意志力耗尽的时候，就会遭到内在“狗熊”的反扑，有时候会招致灾难性的后果。有些高三学生在高考结束后愤怒地撕了书，这就是滥用意志力的结果。

绝对不可以滥用意志力控制自己。一定要对自己的内在“狗熊”宽容一点，不可以过度强制和压抑。

■ 不要在琐事上消耗意志力

不能把稀缺的意志力资源消耗在琐碎的事情上。比如今天穿哪件衬衣、吃什么饭等。意志力耗在小事情上，干大事的精力就不足了。无论大事小事，只要做决策，都得分神，消耗注意力。《选择的艺术》一书中就讲到，假如某自助餐有 60 多种菜品供选择，多样的选择就很消耗人的注意力。老子说，多则惑。选择越多越容易迷惑，越消耗注意力资源。甚至有时候是在意识都没有觉察的状态下暗耗注意力资源。

有很多人都有过这样的购物体验。在网络平台上购物，商家送一个满 100 减 20 的优惠券，而你要买的东西只有 80 多块，于是你就得暗耗注意力凑 100。左比右比，东挑西拣，迟迟做不了决定的时候你就烦了，实际上为了得到 20 块钱的优惠，你却损失了很多宝贵的注意力资源。据说很多名人会把同款的衬衣买 7 件，而且是一模一样的，每周七天，每天一件。他为什么买那么多？为了节约注意力，永远保持同一形象。这样的人根本不会在一些小事上消耗自己的意志力。

要善于节约注意力和意志力资源——不在琐事上消耗，就是变相的开源。

自控力修炼的新三省吾身

提升自控力也是每个人毕生的功课。孔子年逾七旬，终于达到“从心所欲，不逾矩”的境界。那么，平时修炼自控力要做哪些功课？我仿照曾子的三省吾身，提出了修炼自控力的“新三省吾身”。

■ 第一省：你的注意力多大程度上能够自我主宰？

人和动物最大的区别就是人的注意力能够由自我主宰，而动物只能被动地做出应激反应。注意力由自我主宰有两个标志：第一是能够未雨绸缪，第二是让注意力能够最大限度地服务于自己的梦想。你的注意力究竟是由你自主支配，是被外在感性的烦恼侵占，还是被内在的欲望绑架？表面上看你是一个完整的人，实际上很多时候你并不纯粹，表现出来的你和内在的你并不一致，有时候你被自己的“狗熊”绑架了，就失去理智地歇斯底里。

假如把你的注意力当作一个蛋糕切分一下，有多少是自己说了算的？有多少是迫不得已而为的？很多人都追求财富自由，但比财富自由更高的境界是精神自由，即一个人能够多大程度地按照自己的想法活着。孔子能做到从心所欲而不逾矩，背后可是一生的修炼啊，修炼到 70 岁才能做到注意力完全由自我主宰。每个人都应该追求自己的注意力更大比例地能够由自我主宰。

注意力的自我主宰有时候是相对的。一方面，你真正有条件去做自己想做的事情；另一方面，你有能力跟那些自己不想做又不得不做的事情谈恋爱，然后把它变成发自内心愿意做的事情。说白了，背后最重要的变量是你的心态，内在的抗拒没了，心态变了，就不需要消耗意志力了，也就相对地能“从心所欲”了。人们一旦为所做的事情赋予意义，做事时的状态就更容易和谐。有人很善于主动挖掘平常工作背后的意义，善于捕捉做事过程的积极反馈，主动建立做事的愉悦回路，使大脑在工作时也能释放多巴胺，工作就变成享受了。我说幸福是一种能力，你有能力让自己幸福，无非主动为事情赋予意义，把枯燥变得有意思，以及在过程中持续寻求积极的线索，建立和强化愉悦回路。决定幸福的两个因子——快乐和有意义都操之在我，注意力由自我主宰就能实现了。

第二省：你的高级机能是不是每天都被充分地激活开发和运用？

维果茨基把人区别于动物的这部分大脑机能称为高级机能。高级机能包括随意注意、逻辑思维、想象力、语言文字、道德思考、意志力等。高级机能对每个人而言都是稀缺资源，受精力的限制，高级机能也是有限供给。高效能的人每天都能够恰到好处地利用好高级机能，用来刻意发展新的能力，养成新习惯，修正低效能的思维模式和反应模式，克服人性的劣根性，使自己的能量更好地为梦想服务。新三省吾身的第二省就是：你的高级机能是否被充分运用，并为你的梦想服务？我有一个隐喻，人活在世上，高级机能就跟自来水一样，永不停息地哗哗地流。我们不能让自来水白流，就要用它洗洗衣服、洗洗菜、浇浇花。当一个人每天在舒适区里混日子的时候，高级机能就没有被充分地激活和运用，像自来水一样哗哗地流走了。

成功的秘诀是十年如一日地让自己恰到好处地走出舒适区，每一天都充分地激活和运用高级机能，持续积累下来就一定能有很大的作为。倘若你一直处在舒适区，看上去养尊处优，其实是往退化方向发展了，因为这些高级机能没有被很好地开发和利用。大脑是运用即开发，越激活、越运用就越开发得好，不激活就会退化。

当一个人总能充分地开发和运用高级机能时，就能刻意练习发展出很多优秀的习惯，好习惯的积累效应大得惊人。每一个看似轻松自如的技能，背后都有大量的刻意练习，集成了很多注意力和意志力，充分开发和运用了很多时日的高级机能。理解了这个道理，你也没必要为自己技不如人或者知识积累不够而焦虑，上有千条线，下有一根针，千头万绪的能力要发展，而每天的精力就那么多，只要每天能够充分激活和开发大脑的高级机能就问心无愧，坚持下去必将成为卓有成效的人物。

第三省：你对社会的贡献是否大于获得？

如果把社会看作一个整体的话，世界上就只剩下你与社会了，跟你打交道的任何人都可以看作社会派来的使者。作为持续提升心力的人，你要检查你对社会的贡献是否大于你在社会上的获得。做利他的事情就是为社会做贡献，无论利他对应的具体是谁，其实都是贡献给社会。**利他比利己多，贡献的多，索取的少，也是检验心力丰盈与否的重要标志。**

持续提升自控力，使自己的能量更大比例地服务于梦想，把自己打造成为高效能的人。高效能的人一定是对社会的贡献远大于自己所获的人。只有一个人立志要为社会多做贡献，才有足够的动力去充分开发自己的潜能，也只有充分开发自己的潜能，才能为社会做更大的贡献。只有把自己的生命奉献出去，想干更大更高尚的事业，潜能才会在奉献中获得充分开发，人生才能取得更丰硕成果。

刻意练习：注意力资源的持续定投

人和动物最大的区别就是随意注意，即根据自己的意愿主动分配和运用自己的注意力。我们可以用这份稀缺的注意力资源发展新的能力，疗愈童年的创伤，提升思维方式和反应模式等。修身最根本的功课就是持续优化注意力的运用方式。大脑有极强的可塑性或自适应性，我们通过持续刻意练习，会发展更多新的能力。这个过程需要从有意识按步骤地做，逐步转化成潜意识自动化运行。一旦养成习惯，就又能腾出大量脑力来发展新的能力，持续下去的积累效应非常惊人。正是持续多年的刻意练习，让专家和常人很不一样，专家几秒钟的功夫就能做到常人好几年也办不到的事。要想事半功倍，就要把注意力资源用专业的方法长期定投到某一个领域，这就是刻意练习。开源节流拓展出来的意志力可以通过刻意练习转化成好的习惯。从某种意义上讲，人生就是一个持续的能量投注过程，能量投注是个技术活，要用专业的方法把盈余的意志力、注意力和高级机能兑换成能够事半功倍的、长在身上的技能和习惯。

《刻意练习》的作者心理学家安德斯·艾里克森教授专门研究专业技能的获得过程。他发现：在某一个领域精熟的人，不管是小提琴家、外科医生还是运动员，学习方法都异于常人。他们将活动分解为细小的动作，比如连续数小时练习同一种击球动作，不断重复。每一次，他们都做微小的——几乎难以觉察的调整，逐步改进。一段时间只刻意练习一项成分技能的好处有两点：其一，大脑工作记忆区的负担不大，能保证足够的注意力投入。其二，动作改进和效果之间的因果关系很直接，便于根据效果调整动作。每一个细微的动作经过反复练习后才能逐渐形成肌肉记忆，自动完成。有人采访奥运冠军："你怎么能够把这套动作做到如此行云流水？"奥运冠军说："我只刻意准备第一个动作怎么做，第一个动作做好了，剩下的动作就自动完成了。"

艾里克森是一名实战专家，看得出他的理论是从自己真实的实践中发展出来的，他的理论真的能帮助人们快速地、牢固地掌握一项技能。艾里克森指出：杰出不是一种天赋，而是一种人人都可以学会的技巧！一万小时未必能使一个人成为大咖，只有科学地刻意练习才是最强大的学习方法，才是成为任何领域杰出人物的黄金法则！无论是谁，无论从事什么工作，只要有意识地提升注意力和意志力的运用效率，有意识地激活和开发人区别于动物的大脑高级机能，十年如一日地恰到好处地走出舒适区，其人生必有大的建树。

从神经元连接的角度解读刻意练习，那就是，突触连接有长时程增强（LTP）的现象——经过多次反复刺激后，神经元放电增强。重复刺激也会导致突触结构变化。反复练习实实在在地改变着大脑的物理结构，强化了很久的神经元连接与刚刚搭起来的神经元连接相比，突触的接触面结构不同，连接的强度也不同。神经元的连接质量跟人们持续投入的能量正相关。长时间反复练习同一个成分技能，每次练习激活的脑区大致相同，被激活部分的脑区会获得更多的血糖和氧。得到更多供血和供氧的脑区当然会更好地发育。这个现象积极的意义是，反复的练习能够促进脑结构的改变，使记忆更牢靠，技能更娴熟。

我结合自己多年的实践和教育学、心理学理论，抽丝剥茧地总结出刻意练习的五个步骤，也算是注意力资源长期定投的方法和策略。

■ 第一，要有明确的目标

首先要有明确的且不要太大的目标。以写字为例，写字其实是由很多成分技能组成的，比如笔画写法、运笔技巧、间架结构等。你要提升自己的书法水平，就要分析是哪一些成分技能制约了你的整体水平。刻意练习就是要一个一个地分别练习成分技能，然后再有机地整合成综合能力。练习写字的时候要把每一种笔画当成一个成分技能去刻意练习。无论是练横、练竖，还是练竖弯钩都要经过一个刻意练习的过程。刻意练习要求在一段时间内聚焦一个成分技能练习，就是因为我们的注意力资源有限，不可太贪，如果同时练习两个成分技能的话，注意力资源不够，多个成分技能交织在一起反倒顾此失彼，很难兼顾，且得不到最直观的反馈。练横就重点观察横的效果，竖写得不好可以暂时将其屏蔽。目标具体，脑力就充足，而且反馈也变得直观不紊乱。

第二，有清晰的套路

只有带套路的行为才是可复制的行为。每个成分技能都应该有清晰的动作步骤，先做什么，后做什么，要有明确清晰的套路。练习写字的时候要有意识地按照套路去写，只有按套路去做才叫刻意练习，这时候你大脑的内存会被这个套路占据，满脑子想的是步骤套路。目标清晰，套路简单才比较容易。当你觉得有的技巧难学的话，不是因为成分技能分解不够，就是因为套路不够清晰。一个行之有效的方法是在付诸行动之前，可以先按照步骤和动作要领在脑海里想象彩排。视觉想象和实际做事激活的脑区基本相同。

第三，恰到好处地走出舒适区

所谓刻意就得恰到好处地走出舒适区。在舒适区做事叫随意，此时人的高级机能并没有被激活，注意力、意志力没有得到很好地运用。新的技能意味着什么呢？意味着用有意识的套路替代原来无意识的套路。想要有意识地做，就会消耗注意力和意志力资源，有意识地用新方法、新套路，就会感到不舒服、不自在，走出舒适区的挫败感是必然的。

在这个过程中就需要觉察和保持：**让刻意能量略大于随意能量，使成就感略大于挫败感。**刻意练习的过程就是跟自己的惯性对抗的过程，切忌步子迈得太大，如果你很难从结果中感受到成就感，感受到的尽是挫败感，挫败感占了上风，就要消耗更多的意志力，意志力耗尽了就很容易放弃。

■ 第四，大量地重复

刻意练习的本质是有意识地把套路转化为无意识的自动化动作，也可以理解为你有意识地教自己的内在“狗熊”学新本事。内在“狗熊”全面接管、无意识运行是刻意练习完成的标志。手段是大量重复，且在大量的重复中，要以终为始地逐渐释放刻意能量，渐次放手。放手的过程恰恰是逐渐释放注意力资源的过程。注意力资源是稀缺的、宝贵的，我们刻意运用注意力资源教内在“狗熊”的目的就是在未来能节约更多的注意力资源。任何领域的专家都要十年如一日地恰到好处地走出舒适区，充分激活大脑的高级机能，把注意力资源定投到人生的目标中。通过大量的重复练习以后，就会彻底释放了那部分刻意能量。行为慢慢就固化了，演变成自动化反应，形成肌肉记忆，甚至套路也忘了。套路只不过是刻意练习过程中的教学支架。

■ 第五，即时反馈

很多事情能坚持下去的主要原因是付出努力后马上就能感受到努

力的效果。缺乏及时有效的反馈是学习失败的重要原因。当你做事能够及时得到积极正向的反馈时，就容易持续。你在刻意练习的过程中要主动寻找反馈。比如练字，这一页写得比上一页好，今天写得比昨天好，就是反馈。有人减肥时在朋友圈里晒自己的运动记录，朋友的点赞就是反馈。健身教练也能够给你及时恰当的针对性的反馈。

反馈会通过内在反思转化成套路的迭代。套路是学习者教自己的内在“狗熊”用的，每个人的内在“狗熊”只会听自己的指令。没有人是照着说明书学会骑自行车的。说明书给的套路是可传授的知识套路，是通用版本的套路。但要掌握一项技能，你都必须在通用版本的基础上发展出个人版本的套路，只有这样内在“狗熊”才能听得懂、学得会。所以第二步所讲的套路是需要在实践中不断修正的。不断通过外部反馈修正套路，再恰到好处地走出舒适区运用迭代后的新套路刻意练习，大量地重复，是刻意练习的真相。从别处学来的套路其实只是知识，必须翻译和转化成自己个人版本的套路才能最终变成能力。

技能难学的另一个原因是，并不是所有人都能把内在“狗熊”实际运用的套路用语言表达出来。我照着抖音视频练毛笔字，老师边说边写，写得特别漂亮，我就跟着写，但是我写上百遍都丑得不行。原因是什么？因为我的内在“狗熊”只能听懂我的套路，抖音上老师给的套路并非我可以实操的个人版本的套路，甚至也并非老师无意识重复的那个套路，而是他用语言抽象表达的知识。我只有在实践中恰到好处地走出舒适区，经由大量地重复，主动寻求反馈，重复第二步到第五步的过程，持续进行迭代套路—刻意重复—寻求反馈—再迭代套路的循环，才能最终掌握。

大脑的可塑性是非常强的，刻意训练能拓宽大脑的适应性。就像《卖油翁》里的那句话——“无他，但手熟尔”，你所理解的特异功能只不过是把大脑的这种自适应性充分开发了而已。阳明先生说，人人皆可为圣贤。我要说，人人皆可为大师。勤能补拙是有心理学依据的，相反，**聪明并不能替代勤奋，努力达不到一定程度的时候，天赋都派不上用场。**勤能补拙，智不救懒。再聪明的脑袋也需要大量的练习将消耗脑力的思维过程变成自动完成的好习惯——习惯可以帮助我们节省力气，能为大脑腾出空间去做更多、更重要的事情。自动化运行的习惯多了，效率和效能就都高了。所有的举重若轻、游刃有余其实都是注意力资源长期定投的结果，是大脑的高级机能持续工作的结果，是自控力的成果。如果不去有意识地开发和运用自己的高级机能，总想待在舒适区里混日子，就荒废了生而为人的天赋才干，模糊了与禽兽的界限。每一个不曾起舞的日子，都是对青春的辜负。

注意力是否由自我主宰是人和动物的重大区别，提升自控力的目的就是让我们的精力最大限度地服务于人生大愿和目标，优化思维方式和行为方式，提高做事的效率和效能。自控力承接愿力。愿力清晰的人就能掂量轻重本末，每个当下都知道什么是最重要的，如此才能合理运用自控力把能量有意识地投向重要的事情。

自控力还可应用在促成和维持内在状态的和谐。控制本身就是一种能量干预，用少量的能量消耗消除内在的能量对抗。身心合一是最理想的状态，身心不一时就需要运用自控力，付出一点代价促使其和谐。让自己内在和谐是很重要的底层素质和技能，幸福是一种可以主动把握的能力。提升注意力可以用新三省吾身的策略。

每个人还要思考如何有效运用注意力、意志力，用刻意练习的方式，充分激活高级机能，把富余的注意力资源转化成一种无意识习惯。好习惯的聚合效应能让一个人脱胎换骨般地提升效率和效能。成功其实也没什么了不起的，无非是长期、持续、恰到好处地走出舒适区，发展各种各样的能力。任何了不起的成就都是能量的长期定投的结果。

第六章

复原力：持续充满活力的秘籍

人难免陷入低迷的状态。如何快速从低迷的状态中走出是复原力要面对的问题。复原力可以分为三个层次：首先是微观复原力，即如何做到每一天都能保持精力充沛。现代社会的快节奏使很多人每天超负荷工作，让每一天都能恢复如初的方法是正念修行。其次是中观复原力，即从事件中恢复。通过对过往经历的复盘汲取滋养，持续升级迭代自己的心智模式和行为模式。**复盘是最重要的能力，如果还没有把复盘反思当成习惯，也许你的人生还没有正式开始。**最后是宏观复原力。宏观复原要从自我形象的刷新上着力。每个人扮演的社会角色和其过往的经历塑造了自我。维系自我形象是要消耗能量的，不同的身份消耗的能量也不相同。弄清楚不同社会角色的能耗并通过灵活切换身份为自己充电是一项非常重要的能力。当然，敢于直面童年的经历，用今天的心智乃至更高的智慧重构童年的故事，拔除埋在潜意识深处的精神毒素，清理大脑的常驻内存，才是最彻底的复原力。本章将从正念修习、事件复盘、身份切换以及创伤疗愈几方面深入讨论复原力。

力出一孔地活在当下

造成注意力巨大浪费的罪魁祸首是思想。对，就是我们一直引以为傲的思想。思想让人活在空洞的概念空间里，正是思想让我们与现实割裂！因为思想，我们很少活在当下，想过去的痛苦，想未来拥有更多，想各种关系……克里希那穆提说，如果心里不断地想某件事，我就不再和真实的经验产生直接的关系，而只剩一堆意象、画面和概念。意识让人们时而为未来焦虑，时而为过去难过，脑内杂念越多则离现实越远，注意力越分散，个体效能越低。微观地看，复原力的首要功课就是持续管理自己的注意力，把漫游的念头收回来，让注意力尽可能多地聚焦当下。威廉·詹姆斯说："将漫游的注意力一次又一次刻意拉回来的能力，是判断力、性格和意志的根基。"这就需要有意识地觉察自己的注意力，及时赶走脑海里冒出来的杂念，让注意力更多地聚焦目标，力出一孔地活在当下。下面介绍三点非常重要的注意力管理策略。

■ 重感觉，不思想

人和动物最大的区别是人能够有意识地运用注意力做事，而动物只能被动地做出应激反应。我们的思维既成就了我们，也会给我们制造烦恼。因为思维经常会飘得很远，总为明天、后天以及更远的将来操心；也常会反刍过往的创伤，后悔过去的选择，自己折腾自己。思想让人与当下割裂，反倒体验不到眼前的幸福！**幸福不是满足欲望，而是体验存在的乐趣！**小猫小狗没有思考能力，反倒能专心体验每个当下！正念练习的核心目的就是让我们屏蔽思维，专注感觉，回到动物那种不纠结过去、不操心未来的状态。正念练习的方法就是要让人用全副注意力感受自己的身体，激活迷走神经，改善大脑和身体的连接，让身心能量和谐。

■ 在当下，不妄想

意识是一个特别好的奴仆，但是不是一个很好的主人，而一般人误以为意识就是主宰我们的主人。正念练习就是有意识地觉察和干预大脑活动，尽可能屏蔽思维、专注感觉。不关心过去，也不关心未来，就专注在当下。

完形疗法创始人帕尔斯说："生命的一切发生在当下。当我们沉浸在过去或者幻想着未来时，我们就不算全然地活着！"以幸福为目标的人活在未来之中，这使他们的注意力和精力都脱离了当前，从而忽略了体验当前的幸福，丧失了体验幸福的能力！

产生妄念是意识的本能，抑制妄念的任何努力只会取得相反的效果。我们不能控制妄念的产生，却能够一次次地把注意力从随着妄念漫游的状态重新拉回对身体的感知状态，这就是冥想！通过反复练习，如果我们能够把越来越多的注意力聚焦在当下时，专注能力就提升了，对注意力的驾驭能力就提升了。

■ 物与我，两相忘

如果能把全副的注意力专注在当下的感觉，那么，意识中那部分用于捍卫自我边界的注意力就临时消失了。自我边界临时瓦解，就会达到心理学家契克森米哈赖所说的临时忘了时间、忘了自己存在的心流状态。其实心流状态和庄子所说的坐忘类似。庄子说："堕肢体，黜聪明，离形去知，同于大通，是谓坐忘。"堕肢体就是忘却四肢的感觉，黜聪明是抛弃你的思维活动，离形去知说的也是脱离了你的形体和思维，同于大通意思是和大自然归为一体。心流状态也是自我边界完全瓦解，完全沉浸其中忘了自己的状态。

当你把所有的注意力都集中到感觉上，慢慢地感受你和大地、和世界、和宇宙融为一体的那种感觉，就模糊了边界。你呼吸的时候，整个宇宙也在呼吸，你已经分不清你的呼吸是宇宙呼吸的一部分，还是宇宙的呼吸跟随你的呼吸，这时候就实现了自我边界的完全瓦解。这实际上已经进入到一个深度的催眠状态，在这个深度的催眠状态多待一会儿吧。

活在当下的三个实用策略

意识总是本能地把自己与别人、自然及社会区分，逐渐就演化出自我的概念。意识把我们从懵懂的动物本能状态中拖拽出来，代价是牺牲了人的完整性——大多数时间处在思维和感受分裂的状态。要维系自我，就要消耗能量。意识越强、边界感越强的人活得越累，自我边界模糊一点的人反倒过得轻松。练习正念就是为了屏蔽意识的思维活动，激活大脑感受的机能，模糊自我边界，感受当下，回归宇宙大系统。

思维的确是一把双刃剑，该用的时候用，不该用的时候能屏蔽。大脑是人体内最勤奋的器官，只要一息尚存，大脑就辛勤工作，连睡觉的时候大脑都在做梦。大脑的休息方式是轮班休息，被激活的脑区工作的时候，其他脑区就在休息。充分激活感觉中枢的时候，负责思维的前额叶脑区就能得到休息。因此，对脑力工作者而言，正念正好能起到换脑区工作的作用。

如何屏蔽思维？正念冥想的要领就是让你专注感觉。思维和感觉共享大脑的内存，思维占得多了，留给感觉的内存就少了。而思维让人活在概念的海洋里、逻辑的管道里，在一个假想的世界里把自己封闭起来，与真实的世界脱轨。一个接一个的思绪、念头折磨大脑，使大脑得不到休息，失眠的状态就是大脑被各种念头全然占据的状态。有意识地把大脑从思维状态中拽出来，使其进入感觉感受状态，是正念修习的目的，也是要领。

身体扫描

身体扫描的原理就是让意识只专注身体，意识专注全身各部位的时候，潜意识就放松了，副交感神经充分激活、交感神经的激活程度最低，大脑就会释放多巴胺，身体会释放催产素，让身心进入轻松、愉悦的状态。注意力专注于感受身体的各个部位的时候，思维就被限制了，就会逐渐体悟到“离形去知，同于大通”的自我边界瓦解的感觉。哪怕这种感觉就维持一两分钟，再醒来的时候都会觉得精力充沛。自我意识的瞬时消融会把维系自我的能量消耗降到最低，就像小猫小狗一样只活在当下，没有烦恼。身体扫描最好的感觉是半梦半醒，意识处在若隐若现的状态。过程中难免会分心，分心无非是思维又占据了部分注意力，只要平静地重新回到觉知状态就可以了，绝对不能与之对抗。越想努力让自己不分心，越难做到。最好的办法是培植觉知力，尽快重返感知态。练习正念的过程是思维、感觉、觉察三者瓜分大脑内存的过程，觉察力（当然也是思维的一种）始终在做注意力的调控——多一些感觉，少一些思维。念头起来并不可怕，就怕迟迟不觉察，不干预。正所谓“不怕念起，就怕觉迟”。

关注呼吸

观呼吸，其原理同样是屏蔽一切思维，感受呼吸。呼吸是生命的重要标志，我们时刻都需要呼吸。当人们进入思维状态的时候，甚至忘了呼吸等基本的生理状态。观呼吸就是要把注意力集中在吸气和呼气上，感受气流在体内的流动，感受肚皮的起落，专注呼吸，就屏蔽了思维。

观呼吸的同时，也要觉察各种念头。理想的状态是没有思维，没有情绪，只关注当下的呼吸。不思过去，不虑未来，只有当下。分心也是难免的，只要不断地把念头关注到呼吸上，体察空气从鼻孔进入身体的感觉，感受空气在体内的流动，胸腔和腹腔的起伏，体味“知息遍身”，甚至是连脚后跟都在呼吸的感觉。注意力全然集中在呼吸上的时候，也会有自我边界瓦解的感觉，感觉到自己和外界环境浑然一体，与整个宇宙同频呼吸，达到庄子所说的“独与天地精神往来”的状态。

我通常把观呼吸和身体扫描组合运用。观呼吸可以作为一个背景动作，身体扫描过程中一有间歇，就感受自己的呼吸。这样，注意力的焦点集中在观呼吸、感觉身体、觉察和干预杂念几件事情上，很容易逼近正念状态。

■ 走进自然

活在当下也是一项需要刻意练习的核心能力。现代生活让很多人要么活在自己虚构的思维里，要么活在虚拟的网络世界里。很多人在运动时戴着耳机听音频或者思考问题，这就使得运动过程中大脑处在感觉和思维分裂的状态，这就进一步加剧了注意力难以集中的症状。运动时要能够全副精力地专注于运动本身，感受身体的律动以及与自然接触的感觉，走进和感受自然本身就是活在当下的重要策略。走路的时候专注感受，感受脚掌触地的感觉，感受微风拂面的感觉，感受自己的每一个动作。即**有感必觉、有动必觉、有念必觉**。注意力难以集中时，甚至可以把动作、感觉、念头在心中默念出来，默念有助于专注地觉知。

复盘是为了更好地开始

中观复原力还要解决的问题是从事件中恢复。人人都会经历一些事情。有时候，人虽然从事中出来了，过往的事情还在潜意识层面暗耗着我们的能量。过去的过不去，未来的来不了，要用复盘的方式释放这部分纠缠在过往中的能量。还有，就是要在过往的经历中汲取滋养，反省行为背后的思维模式，持续升级自己的思维模式，以便未来遇到类似情境时能做出正确选择和反应。

用人工智能类比我们的大脑的话，每个人独特的思维模式和反应模式就好比独特的算法，过往的经历就是要加工的数据。每个人都需要持续升级自己的算法，重构自己的数据。对一个人而言，外界来一个刺激，脑内必然会经历一个反应过程，最后会采取行动。行动又必然会有结果，如果结果和预期之间有差异，就值得用复盘反思的方式持续提升自己的算法。审查这个中间的过程，是不是被内在“狗熊”绑架了，是不是童年不独立的反应模式被激活了？复盘就是要审视我们的思维模式和反应模式。我把复盘过程简化为“三找”法：**找差距、找原因、找方法**。

找差距：差距可以分为机会差距和执行差距。机会差距是决策时的选择造成的，执行差距则是执行不到位造成的。倘若当初解决问题时严格按照病构问题的解决方法进行，那么，当初解决问题时就定义了想要实现的结果框架。而找差距就是要把实际结果和当初定义的结果框架进行比较，找到差距。以差距为抓手，有目的地回顾解决问题的过程，探寻造成差异的深层次原因。

找原因：实际结果与当初设想存在差异的原因无外乎两种。一种是决策失误，决策时忽略了一个重要的维度。弥补一个被忽视却又非常重要的维度，业务常常能产生跨越式增长。比如业绩不好可能是忽视了互联网销售这个重要的“维”，没抓住机会，属于机会差距。另一种是执行力不足，受限于资源、方法、能力等，在某些维度上没有做到理想的程度，我称之为“度”的差距。找原因的目的是找到差异背后的核心原因，是缺失了维度？还是程度不够？

找方法：要想得到不同的结果，需要采取不同的行动。找方法就是在找到核心原因之后，遇到类似情境采用更好的措施，以期获得更理想的结果，这就是复盘的最后目的。如果是决策失当造成的机会差距，复盘的结果是修正决策的维度；如果是执行不力造成的业绩差距，复盘的结果是优化做事的方法和流程。

我有位学生的儿子9岁，上小学三年级。他们家每天晚上都要为孩子写作业的事情吵架。他们两口子吃完晚饭就敦促孩子赶紧写作业，说写完作业后的时间全都是孩子自己的，想玩什么玩什么。但是八九岁的孩子根本听不进去这一套，不可能吃完饭就乖乖写作业，时间还早，先玩再说。玩的过程中，爸妈一再提醒：你赶紧写作业去啊，都几点了？孩子就是听不进去。一直到9点，不写不行了，孩子才很不情愿地摊开书本写作业。没写几下，就困得不行了，打着哈欠要睡觉。妈妈说：“作业没做完怎么办？”孩子喃喃地说：“明天早上，早点起来写吧。”第二天早上打都打不起来。然后又是迟到，又是挨老师批。第二天晚上，爸妈又说：“你吃完饭赶紧写作业吧。”孩子依然不管那一套，再次重复前一天的故事。

当一种无效的模式一再重复，就要复盘了。**世界上最悲哀的事情就是重复同样的行为，却期待不同的结果。**父母不能一味怪孩子，而要思考如何才能打破这个恶性循环。

首先，找差距。孩子的实际表现跟理想的表现之间的差距是什么？理想的状态应该是七点或七点半写作业，而实际上孩子总是九点或九点半才很不情愿地写作业，注意力和意志力早被玩具耗完了，即使写作业，也是筋疲力尽地应付。

其次，找原因。孩子一旦进入玩的状态，内在“狗熊”激活了玩的愉悦回路。家长催促的力量很难干预这种愉悦回路，想把玩具抢下来很难。催促多了还会引发孩子的内在“狗熊”炸毛，一旦情绪起来，什么道理都听不进去，给情绪中的人讲道理不过是制造杂音而已。所以要“为之于未有，治之于未乱”。等孩子玩性还没起来、玩的愉悦回路还没有形成的时候就先将其引导进入写作业中。

最后，找方法。如何才能让这孩子优先进入写作业的状态？小学阶段的孩子认知脑还没有完全发育，理解和接受道理的能力还不强，改变的模式是以“体验—感受—改变”为主，而不是“分析—理解—改变”。最好的方法是带他体验、感受另外一种状态。于是，每天晚上吃完饭，父母就宣布晚七点到九点是全家学习的时间，爸爸看爸爸的书，妈妈看妈妈的书，孩子写自己的作业。当父母陪伴孩子一起学习的时候，就把孩子带到了一种学习氛围中，孩子最会模仿父母的行为。

八九点钟的时候，孩子的作业写完了。家长宣布全家进入游戏放松时间，大人陪孩子一起玩，让孩子体验没有作业一身轻的感觉。坚持一段时间，孩子就能成功地养成新的习惯，更喜欢先写完作业，没有任何顾虑地自在游戏的感觉。

有位领导特别喜欢用批评的方式来领导他的团队，下属因此也都特别害怕他。有一次，有下属就斗胆提出：“领导，能不能以后多给大家一些鼓励，少一些批评？”领导马上就反驳说：“我敲打你们是为了让你们少走弯路，快速地成长和进步。”很显然，领导把他的批评模式合理化了。作为旁观者的我说：“领导力，永远不看广告看疗效。作为领导者，不能只站在自己的角度解释自己的行为，更要站到员工的角度审视自己领导方式的有效性。批评的目的是为了让下属少走弯路，快速成长和进步，但下属已经明确反馈了这种方式对他们无效，那就必须重视这个反馈，反过来复盘、修正自己的行为模式和思维模式，这才是学习。你可以把你对下属的批评解释为帮助其快速成长，而下属却把你的批评理解为对其表现不满的情绪宣泄。”

这位领导后来向我反馈说：“多年来，数以百计的人向我反馈要少一些批评，多一些鼓励，我都当耳旁风了。只有你这次反馈让我真正意识到改进的必要了。‘领导力，不看广告看疗效’这句话我记住了。”

这个故事里也隐含了一个小小的复盘。找差距，就是领导行为和预期结果之间的差距，无效领导行为背后必有潜意识的模式。找原因，可以追溯到童年的社会环境和依恋模式。找方法就是要有意识地终结自己身上低版本的反应模式，持续提升自己的修为。修身对每个人来讲都是一辈子的功课。

用瓦解自我的方式拓展自我

要提升复原力，要先探讨一下自我的本质。每个人在社会上都扮演着不同的角色，每个角色都会有角色意识。自由散漫的人，站上讲台当老师，走路的姿势就不一样了，就要表现出老师的样子。我们常常需要消耗能量把自己装成某种样子。

当你宣布你是老师的时候，就在强调你与众不同的特别标签，扮演众人比较节省能量，扮演与众不同的身份就比较耗电。我把能量分为区分能量和连接能量。区分能量就是要把你跟别人区分开来，就要表现出与众不同的样子，比较消耗能量。连接能量就是让你融入大众，不端不装，进入节能状态。

回归到系统去充电

每个人都是大海里的一滴水，这滴水从水里飙出来就是浪花，浪花光彩夺目，尽显其与别的水滴的不同。但这滴水必须回到大海里，否则它就会被蒸发。**人们用分别能量来彰显其与众不同，又必须用连接能量回归其所在的系统中。**瓦解自我、回归系统好比充电，充电以后又可以精彩绽放。有的身份非常耗电，有的身份却能够充电。很多人心力枯竭的根源是不懂得用自我瓦解的方式拓展自我，不懂得要时而回归系统，时而凸显自我。很多高冷范儿的人，总是试图把自己与别人区分开来，区分也意味着孤立和消耗能量，能量枯竭后就难以为继，萎靡不振。要时不时地用连接系统、回归群体的方式充电才是健康的。歌德说：“人们用理智分清了彼此，却用感受和爱模糊了它。”理智是分别能量，爱是连接能量。

老子说：“吾所以有大患者，为吾有身。及吾无身，吾有何患？”当你内心很痛苦的时候，如果仔细觉察，会发现这份痛苦是自己扮演的某个角色给你的。进入某种身份，总要维系该身份的边界，自然会消耗能量。当边界瓦解之后，你还有什么可担心的呢？做事业难免耗电，但是别忘了及时连接系统为自己充电。

复原力就是让你不断回归系统，臣服系统。日中则昃，月满则亏，盛极必衰，物极必反，辉煌的巅峰即衰落的开始。顺风顺水会持续强化一个人的自我效能感，强化久了很容易发展到自我膨胀的程度。一个人卷入这种“欲望—行动—满足—更大欲望—更大胆行动—更大满足”的循环中，最终的结局都一样：像扑火的飞蛾一样，疯狂地走向灭亡。

自我是一个外套，该穿的时候穿上，该脱的时候脱掉。在需要凸显的时候凸显，在需要连接的时候连接。能凸显自我，也能回归系统。复原恰恰是让你用臣服的姿态连接系统，得到滋养。

■ 切换身份思考问题

每个人都有多重身份，而每个身份背后都有一个系统。比如，我是一位公民，公民的身份背后就是国家这个系统。每个身份背后都隐含着个人与系统的关系。如果你回归到系统中审视自己，就像一滴水回到大海一样，就能感受到系统对你的赋能。系统能满足你归属感的心力需要，给你力量。在人际交往中，每个人都是有身份的，身份背后都带着系统信息。家庭系统、工作系统、学习成长系统等都表现为一个一个的圈子。换一个圈子就换一个身份，换一个身份就换一个系统。每一个身份都带着这个身份独有的系统能量，扮演某些身份非常耗能，而扮演另一些身份则相对轻松。

切换身份能够疗愈很多内心的纠结。举例来讲，亲子沟通中父子之间有尖锐的矛盾时，父亲是强势身份。但父亲太过强势就会引发叛逆，妨碍孩子的成长，很容易造成彼此对抗的消耗能量关系。如果父亲审视一下自己，除了父亲的这个身份，你还可以是谁？父亲的身份属于家庭系统，该身份会在潜意识层面激活他的强势状态。那就可以尝试换一个身份，换一个系统。是不是还能够以朋友的身份、家族系统贡献者的身份来沟通。

意识到身份背后的系统，更有助于你跳出自我，用系统的视角审视人际关系。把孩子放到家族系统里审视，你会发现父亲和孩子都是家族系统的两个成员，孩子肩负着让家族系统与时俱进地发展的使命，而父亲肩负着维系家族光荣传统的使命，两个人都是系统中的角色，都为系统的发展尽力。每个人都要扮演好其在系统中的角色，要恰到好处地拿捏那个度。父亲和孩子同是家族系统的成员，两代人的角色分工不同，既不能让孩子去捍卫家族系统那些陈腐的规则，活成自己的影子，也不能让这个孩子完全脱离了家族系统。

再比如，某些管理者老觉得新生代的员工难以管理，新生代的员工又觉得那些管理者难以相处。假如从整个社会系统看，90后、00后不仅是你的员工，更是时代的窗口。管理者代表着社会系统的当下或过去，而90后、00后代表着未来。跟新生代难以沟通的另一层含义是难以融入未来的世界。我经常说，你的新生代员工是你的保鲜剂，跟他们相处能起到保鲜的作用，能让你跟上时代。父母与孩子、管理者与员工不过是在同一个系统中扮演不同的角色，每个角色都有其修身功课，角色之间的关系都是陪伴成长的同修关系。

我是谁，我还是谁

我经常会问那些心力交瘁的人一个问题：是哪个身份过度消耗了你的心力？每个人都同时在多个系统中扮演不同的角色，这些角色瓜分其能量蛋糕。如果某个角色让人过度消耗的话，其他角色就分不到足够的能量，时间长了也会因投入不够而出问题。一位企业高管说，有一年他老婆跟他闹矛盾，孩子留学又不太适应，家里的事情把他弄得心力交瘁。工作也开展得一塌糊涂，感慨道：喝凉水都塞牙。其背后的道理就是这些不同的角色共享着同一个内心状态，一个人的状态被一个角色搞崩溃了，其他角色也会受很大影响。家和万事兴绝非虚言，和谐的家庭是爱的港湾，回家就是充电；不和谐的家庭是第二战场，在外与别人周旋，回家还要跟家人周旋，怎能不心力交瘁？

当角色状态与内心的自然状态差异比较大的时候，扮演角色就要装出另外一个样子，自然比较消耗心力。我的学生问我："老师，我讲一天课要休息一个礼拜才能缓过神来，而你连续讲一周课依然精力充沛，这是什么原因。"我回答说："我在课堂上的每一分钟和我在生活中的每一分钟没什么区别，内心很松弛，时刻都保持自然本色，所以耗能比较少。"

每个人都可以盘点一下自己扮演的角色状态。哪些角色比较轻松自如？哪些角色比较消耗心力？分析非常消耗心力的角色背后的原因。对于很消耗心力的角色，可以尝试以更低的姿态重新定义关系，问自己：我是谁？我还是谁？我还是谁？把身份降到很低的时候，消耗就降下来了。

俗话说，高处不胜寒，等你扮演一个高冷的角色的时候，一定要找另一个可以不端不装、臣服放松的系统平衡一下，否则只有耗电，没有充电的状态很难持续。身份地位越光鲜的人，越要懂得换一个身份充电。为什么成功的人士反而迷信？我理解其未必迷信，他们更需要一个能够瓦解自我系统，用彻底臣服的低姿态身份充电。

堵住暗耗精神的能量黑洞

海灵格的《谁在我家》中有个生动的案例：一个刚刚学会开车的年轻人出了车祸。他的奶奶同乘一辆车，伤势很重，她在弥留之际问道："我的孙子呢？"当孙子来到她面前时，她说："不要怪自己。是我离开的时候到了。”这位智慧的奶奶懂得：绝不能让孙子的余生被愧疚感压得喘不过气来。

有很多人，很年轻的时候心就死了，挣再多的钱也感受不到幸福。因为他的心被无尽的愧疚感占据了。只有接受一切如其所是，只有能够跟这个事件和解，内在能量才能疏通起来，才能迎来另一段生命。否则内在的纠结，隐藏在潜意识里的愧疚感，一生都挥之不去。

愧疚感会让人长期活在低能量的状态下。很多家长把归属感、歉疚感当成批评教育孩子的筹码：你的表现哪里像我们的孩子？这样的成绩对得起父母的付出吗？诸如此类。把孩子逼急了做出蠢事，反过来又把家长推到终生愧疚的泥潭。

生命中很多不堪的经历会给人留下终生挥之不去的心理阴影，这些心理阴影并不能随时间流逝而淡忘。**如果时间真的是一味良药，世间就不会有那么多摆脱不了的苦难、割舍不下的别离。**时间只不过把显意识的痛压抑到潜意识中去了。潜意识层面的精神病毒跟电脑病毒一样使人效率很低、状态极差。宏观地看复原力，就是要直面深挖精神病毒，通过刻意觉察和练习，使人逐渐走出心理阴影，恢复正常。

走出创伤的脱敏练习

阿德勒说：不幸的童年需要用一生去疗愈。难道童年不幸的人就没指望了吗？我更喜欢另一句话：想要拥有一个幸福的童年，什么时候都不晚。真正的勇士敢于直面惨淡的人生，不回避自己受欺负的经历，释放负面情绪和清理大脑内存，放下痛苦，才能腾出更多的心力去开创未来，享受幸福。**幸福的人并非运气好到没遭遇过任何伤害的程度，而是他们善于选择性地遗忘，甚至用改写故事版本的方式疗愈自己，解脱自己。**改写完创伤经历，人生便只剩下幸福往事了。而讳莫如深地回避或努力保守这些经历，就要时常消耗意志力把那些创伤压抑在潜意识层面，表面上看起来是岁月静好、风平浪静了，而那些被压抑的创伤一有机会就告状，一见到敏感源就跳出来小题大做。保守秘密是要付出代价的，会消耗意志力，会造成意识和潜意识的内在分裂。所以，疗愈心理创伤要像大禹治水那样采用疏导的策略，堵的代价太大，而且堵不住，迟早会带来报复性反弹。一遍遍地讲述的自己的创伤经历，当你讲自己受摧残的创伤经历就跟讲别人的故事一样，一点情绪都不起，波澜不惊，说明你这时候已经不在乎这件事了，负面情绪宣泄完了，彻底疗愈了。假如你讲自己的创伤经历时还声泪俱下，有明显的生理反应，说明还有很多郁结的情绪没有宣泄完。疗愈的方法不是回避，越坚守秘密，秘密对你的创伤越大，因为这些创伤不在意识层面，而在潜意识层面。表面的光洁掩盖不了底层的分裂，不思量、自难忘，它一直在暗耗你的能量。更有甚者，这个创伤会无意识地跳出来惹事，让你进入“战斗—逃跑”模式，把事情闹得一团糟。

假如你能找到屡屡让自己进入稀缺态的过敏源，就要做一些功课来改写故事的版本。童年创伤发生时的真相已经没有人能说清楚，你的记忆也仅仅是你心智不成熟时的幼稚解读而已。所以没有真相，只有不同版本的解读，而你的解读版本恰好影响着你的幸福。既然如此，何不把故事改写为有利于自己改变的状态。

■ 第一步：有意识回放创伤情境

有意识地把童年创伤经历的情境提取到大脑里。当那段创伤记忆再现在脑海的时候，同时激活的还有当时的情绪状态，甚至会引起生理反应。所以如果创伤太大，提取的时候也要适可而止，不要让自己的情绪反应太过激烈，否则还来不及疗愈你就先崩溃了，那样的话这次提取就是一次反刍式伤害。注意：疗愈就是要用现在的智慧有意识地重构当年的经历，改写故事版本，进而优化过激的反应模式。

用你现在的智慧重新解读当年的遭遇，你就不难发现当年你幼小的心灵对那段经历的解读，其背后有一个非理性的甚至有点滑稽的限制性信念，这个限制性信念是你心智还没有充分发育的时候所做的一种无意识关联。比如可丽饼事件中曾经被哥哥不公平对待的经历被解读为要暴力反抗以强凌弱的行为；冰棍事件中的妈妈没有给我冰棍被曲解为“我不如姐姐优秀，不值得拥有”等。这些解读正是引发过激反应的无意识信念。

记住，弹出经验要弹三样东西：第一，当时受创伤情境的画面；第二，当时你的状态、感受和情绪；第三，与之捆绑在一起的那个无意识层面的限制性信念。得到这三样东西，就可以进入下一个环节了。

■ 第二步：换框，用今天的智慧应对当年的危机

觉察之后你就会发现，每当你回到当年的情境时，就进入一种习惯性无助的状态，负面情绪被高度唤醒，几乎失去了理性思维能力，浑身的肌肉都是紧张的，整个人好像僵在那里，能量是不流动的，好像要把全身的能量都要调动起来时刻准备拼死一搏的样子。早年的一些重大事件没有被正确和及时面对，会导致幼小心灵中有一部分会被僵在那里，潜意识层面的伤痛不仅挥之不去，而且神经也非常敏感。

换框的目的是用今天的智慧和能力来应对当年遇到的危机，用更高级的思维去加工过往的经验和反应模式，然后试图升级制约我们思维的限制性信念，改写引发应激反应的防御性程序。你首先要关注那个陷入无助状态的内在小孩，要感谢他用这样的方式保护了当时的你。然后要用今天的智慧和能力帮他走出困境，让卡在那里的能量重新流动起来，改写当年那个幼小心灵解读的限制性信念——不就是个毛毛虫吗？有什么好怕的，我现在长大了，一脚能踩死俩。用更理性的信念去替代那个“毛毛虫都是可怕的”限制性信念。

■ 第三步：用自我谈话刷新底层软件

想要用更高的智慧找到应对当年危机的更好策略，就要有意识地改写潜意识层面的自动反应程序。这就涉及大脑的秘密。稍加觉察一下就会发现，我们的内在，意识和潜意识不停地通过自我谈话的方式

沟通。语言既是沟通的工具，更是思维的工具，我们不仅用语言与别人沟通，更用语言跟自己沟通。**我们讲话不仅仅是在讲给别人听，同时也是讲给自己的潜意识听。**

当事人需要编一套有针对性的话术反复跟自己的潜意识谈话，多次重复后可以用新的故事版本替换幼时的故事版本，用新的反应程序替换原来的过激反应程序。这套话术分三部分。

第一部分：感谢。先要感谢伤害方，即在创伤事件中伤害你的人。要发自内心地真诚感谢而非客套。这是因为：第一，就像冰棍事件里的妈妈一样，伤害方并无心伤害你，而是你幼小的心灵将其解读为伤害；第二，格局更高点，伤害方的所作所为也深受他自己的成长经历、认知水平以及社会环境的影响。譬如在重男轻女家庭中长大的女性，不能太过抱怨父母，父母也是在重男轻女的系统中长大和生活的，甚至他们也是这种观念的受害者，错在系统，个体也有责任，但有时候的确很无奈。受过父母伤害的尤其要注意：父母的伤害绝大多数都是爱的扭曲表达。一般来说，父母伤害行为的动机都不容置疑，只是表达方式过于野蛮粗暴罢了；第三，就算加害方的行为真的极端自私，罪不可恕。你也要换个角度思考问题：你原谅他并非是承认他没错，而是你自己要从仇恨中走出来，释放心力去干真正重要的事情。伤害已经成为过去，你一天不翻篇儿它就折磨你一天。宽恕的受益者不是加害方，而是你自己。加害方甚至都不知道你还在较劲，而你只有发自内心地接纳事实、原谅对方才能释放常驻内存，开辟新的生活。不能放下仇恨，仇恨就一直占据着你的潜意识，时不时引爆你的过激反应，制造一起又一起的次生灾害。

更要感谢过去的自己。你幼小的心灵当时遭受到不堪承受的打击，从而采取特别的方式保护了你，以至于承担了很多的痛苦，受了很多委屈。而成人后你的意识却一直不忍直视，视而不见，刻意回避。内在受伤的小孩一直在渴望你看见并勇敢面对，你却一直避而不见。心理学大师卡尔·荣格说：未被看见和未必理解的痛苦很难忍受。当一个人理解了痛苦的缘由，就有了惊人的忍耐力！无论幼小的你理解得多么幼稚，反应得多么过激，你都要真诚地感谢过去的自己，否则你不能长大成人。看见、理解并感谢你的内在受伤小孩，让你的意识和潜意识不再分裂，不仅释放了潜意识层面那股较劲的能量，同时释放了意识层面那股能量。进而才能腾出更大的心力帮你改变原来的应激模式，走出稀缺态。

第二部分：重新解读。用更高格局、更远视野、更理性的思维来审视当时的事件和你的反应。只有用更高的智慧和更理性的思维改写那个童年故事，才有可能把自己从痛苦中解救出来。即便你当时觉得是百分之百的伤害，也要解读成一种扭曲的爱。你可能说：明明是伤害啊，为什么要违心地解读成爱？还是那句话，没有真相，只有不同版本的解读。

心理学家罗斯塔夫通过大量的实验证明我们对情境记忆的提取过程是重构的。我们在提取的过程中重建过去，而不是复制过去。当我们对事件的记忆不清楚时，往往会重构记忆。甚至这个重构过程会受外部影响。当你问车祸目击者：“当时这辆车**碰**上前车的时候，速度大概是多少？”目击者多半会回答 20~40km/h。换一个话术问：“当时这辆车**撞**上前车的时候，速度大概是多少？”目击者则可能回答

50~80km/h。因为碰和撞这两个不同的词会引发大脑内部不同的联想，具有极强的暗示和诱导作用。加扎尼加教授的研究表明，我们的左脑有极强的合理化能力，只要你发自内心地想放下过去的痛苦，重新开始，左脑的合理化能力和右脑的创造性想象能力总能编织出让你满意的故事版本。

创伤记忆的本质不过是当年幼小心灵的一种扭曲解读。因而对创伤故事的改写充其量是把扭曲的故事再度扭曲罢了。当你给当年的伤害打上“扭曲的爱”的标签之后，你就在意识层面释然了，再通过反复的自我谈话将其植入潜意识，用新版本的故事覆盖老版本的故事，痛苦就烟消云散了。这个故事的版本甚至可以一改再改，故事改变了，你就幸福了，与之紧密关联的过激反应也就消失了。

第三部分：宣言。宣言是意识讲给潜意识听的未来再遇到类似情境的应对方式，是自己说给自己听的。比如，我不再是小时候的我了，我现在已经有足够的能力和资源面对这样的事情，不用再害怕 ×× 了。再如，我原谅你并非因为你没错，而是我决定翻篇儿了，要开始我全新的生活了。宣言还是要下点功夫的，尽量打磨成朗朗上口的金句，融入情感能量且声情并茂地说出来，条件允许的话可以大声地喊出来。

宣言更像一种咒语，潜意识一旦接受，积极的改变就会在潜意识层面自动进行，因此，疗愈也没那么复杂，也无须太过刻意，只要功课做足了，一切就会自然改变。当然，有的创伤比较大而且持续发酵的时间又比较长久，不可能只做几次就能和解的。重要的不是思想上的理解，而是要重复做自我谈话的功课，只有认真做功课才能把认知转化成临场应变的智慧和能力。每做一次功课，你对敏感源的敏感程度就会降低一点，经过长时间的强化，直到完全脱敏。

总结一下，行文至此，我们详细介绍了一个“**盘—拷—关—回—换—谈**”的创伤脱敏全流程，首先是盘点自己屡屡被引爆的过激反应模式，最近爆发的激烈情绪反应是最好的线索。其次是拷问，用理性思维拷问自己为什么对此类事情如此敏感，反应如此激烈，追溯童年的类似相关经历。因为过激反应模式隐藏在潜意识层面，所以有时候并不容易发现。第三，把过激反应和童年的创伤事件进行关联，找到“过敏源”，很多时候，找到问题就解决了问题的大半。第四，回放创伤经历，在脑海里调出创伤情境的画面以及随之而来的负面情绪，注意要适度。同时，觉察创伤后在潜意识层面形成的限制性信念。第五，换框，用现在的智慧和思维重新审视当年的事件，从而升级对事件解读的故事版本。换一种思维，就换一种世界。最后，用持续与自我谈话的方式把新的故事版本和反应程序植入潜意识。

帮“花木兰”放下铠甲

给大家分享一位女企业家通过复盘早期经历，刷新自己底层操作系统的案例。通过深挖她与女儿的一次激烈冲突，找到他的过敏源，意识到父亲早逝的经历对她人格的影响，进而影响事业和家庭。意识到了就要悟后起修，逐渐放下女强人的铠甲，从之前的状态中走出来，也不再对人求全责备。

1. 盘点

“两个月前，我跟女儿为她学习的事情大闹一场。马上就要中考了，她把自己关在房子里写作业，从早9点到晚7点，居然只写了一页。原来她是在看小说，我马上就暴怒了，骂她不争气。女儿不服气，还在狡辩。我不知道哪儿来的怒气，一把夺过她的作业本撕成两半扔出窗外，歇斯底里地大吼大叫起来。丈夫闻讯赶来，我疯了似的居然连丈夫一起骂，骂丈夫不争气。后来，丈夫带着女儿出门走了，我在家里生闷气。”

2. 拷问

我问她：“平心而论，孩子看小说耽误了写作业也不是多么出格的事情，为什么能引发你如此大的情绪？你觉得女儿的表现中你最不能忍受的是什么？”她说：“我最不能接受的是她不努力，还找借口。其次就是她挑衅我的权威。”我问她：“你是不是认为人人都得非常努力才可以？”她回答说她自己为了事业已经努力到近乎自虐的程度，在工作中也对下属要求极高。她的座右铭是“要付出不亚于任何人的努力”。我问她为什么把努力看得这么重要，她关联到自己的成长经历。

3. 关联

原来在她 16 岁的时候父亲患了癌症，家里借了所有能借到的钱却还是没能挽回父亲的生命。父亲去世后她被迫辍学外出打工，挑起家庭的重担，还要供弟弟妹妹上学。工作中她的勤奋努力和刻苦奋进在全厂都出了名，不仅肯付出，而且悟性高爱学习，所以很快就晋升高管，不仅还清了巨额债务，供弟弟妹妹上了大学，还在城里给妈妈买了房子。后来开创了自己的事业，在自己不懈的努力下也做得很成功。也因此，她成了自己企业和家庭的绝对权威，婚后老公也对她言听计从。所以她最不能容忍的是自己孩子不努力还挑战她的权威。我说："通过你的表达，我看到一个外表柔弱而内心无比坚强的小女孩，花季年龄却迫于生计不得不像女汉子一样负重前行。"没等我说完，她就开始泣不成声了，因为那个硬撑坚强的内在小孩被看见、被理解了。

4. 回放

在我的引导下，她回放了当时最痛苦的场景，看到面对突如其来的灾难撕心裂肺又痛苦无助的妈妈，看到亲朋好友的无限惋惜和同情的眼神。她无助的表情和痛苦的状态告诉我，那凄婉的场景一直深埋在她的内心。在那一刻，她暗下决心，要与命运抗争，要负重前行，要成为替父从军的花木兰。她还回放了自己为了争取生意，曾经七次遭到客户拒绝却仍不放弃，最终打动客户的经历。一次次的成功经历，在强化她的一条潜意识信念：只有努力到近乎自虐的程度才能改变命运。

5. 换框

我说："记得海灵格说过，父亲的早逝也可以是对孩子最大的礼物。假如没有父亲的过早缺席，也许你也成为不了今天的自己。父亲有他的命运，你有你的命运，你的孩子也有孩子自己的命运。你的经历使你过度看重努力。你那么打拼的目的不就是为了孩子过得好一点，现在孩子稍微舒服了点，你却接受不了。不能要求人人都能够像你一样努力到近乎自虐的程度。归根结底，还是你要疗愈自己早年的伤痛，让自己内在那个负重前行的小孩慢慢长大，不再用近乎自虐的方式努力。首先要对自己好，才能对别人好。你要放下女汉子的面具，不仅要自强不息，更要厚德载物，只有这样，你的事业才能更上层楼。你今后的修身功课是把'慈'的力量修出来，这需要先对自己好点，再对女儿好点，对最亲近的人好点。"

在我的开导下，她渐渐意识到：对自己和别人要求过高，归根结底是内心极度缺乏安全感的表现，可以说自从父亲去世以后她的神经时刻都处于紧张状态。她表示愿意改变，无论是事业还是家庭，都要适当放手，让自己轻松，给别人空间。

6. 宣言

悟后起修，从"悟到"到"做到"还有很远的距离。她也要做很多功课，慢慢地改变自己能量的结构和运用方式，更新自己的心智模式和反应模式。也有针对性地写了人生宣言：

首先告慰爸爸：您的离去，给了我在风雨中锻炼的机会。现在一切都好起来了，您可以放心了。再感谢当年的自己：幼小的肩膀扛起一家人的生计。现在一切都好起来了，我要对自己好一点了，不需要时刻都神经紧绷着，不要用自己的严苛标准要求别人，也给别人一些发展的空间。向弟弟妹妹们说声对不起，我的过去强势压抑了你们的发展，向老公女儿说声对不起，我的强势也阻碍了你们的心灵发展。

我现在要回到自己应有的状态，慢慢卸下女汉子的铠甲，活出温柔的自己。要回到自己的位置，不再过多干涉，给他人生活的空间，允许他们用自己的方式生活，支持他们活出不一样的精彩。

后来她坚持做功课，一年多后我再见到她时，吃惊地发现她的气色都变了：脸上的棱角没了，肌肉也不紧绷了，脸色也变得红润了，还留起了长发，女汉子的气质在她身上褪去不少。真是相由心生啊。她分享说，她努力地做了功课，同时开始觉察自己的感受，所以并没有努力到自虐的程度。由于她的改变，家庭和事业都有了不错的转变。

很难赢得深度信任之谜

我有个学生是某上市公司的高管，有一次他向我请教：“职场打拼二十多年来，我曾在数个知名企业打工，不论在哪个单位我都因为工作能力强而屡立战功，却总感觉自己虽然是帮老板攻城拔寨的大将，却很难和老板建立深度信任的关系。提拔副总裁对我而言很容易，获得老板的深度信任对我而言又遥不可及。田老师，为什么我总是很难赢得领导的深度信任？”真是一个好问题，直觉告诉我答案隐藏在他的成长经历中，于是就用我的六步脱敏法跟他做了一个深度会谈。

1. 盘点

我问他：“盘点一下最近的三家单位，老板分别是什么性格和作风？你负责什么工作？分享几个与老板打交道时印象深刻的经历片段。”他逐一做了介绍，我感觉几任老板风格差异还蛮大的，且都很正常。问题肯定出在他身上。他说：“每个领导身边都有无话不说的人，对我却总是客客气气的。”

2. 拷问

我鼓励他继续往前追溯，包括到上学时期跟老师的关系，进而追溯到原生家庭中跟长辈、哥哥姐姐的关系。发现他几乎没有过跟地位高于他的人建立深度信任的经历。经过探讨，我们得出一致的结论：他有跟权威相处的障碍。为什么存在跟权威相处的障碍呢？在我的反复追问下，话题就落到了原生家庭的成长经历上。

3. 关联

原来他出生在那种一头沉的家庭，父亲常年在城里工作，妈妈带着哥哥和他在农村。父亲个把月回来一次，对他们兄弟管教得非常严厉。平时在家跟妈妈岁月静好，爸爸一回来就鸡飞狗跳。其实他个性很强，对父亲的管教百般不服，却也敢怒而不敢言。后来哥哥渐长之后也很强势，以至于后来上学也好、工作也好，他自己都潜意识地与权威保持距离，对领导敬而远之。我问他："能不能分享一两个父亲对你伤害严重、至今难以忘怀、想起来就情绪失控的具体事件？"我话音还没落，就透过他薄薄的茶色眼镜片看见他眼眶湿润了。我向他解释说："在你的潜意识层面已经形成了一种远离权威的防御机制，尽管你能力很强，业绩卓越，但一遇到领导稍微强势点的表现，你就瞬间回到儿时被父亲训斥的场景，就本能地想与领导保持距离。"他承认了，甚至说有很多次领导有意想跟他走近，约他单独吃饭喝茶他都很紧张，如临大敌似的。

4. 回放

在我的鼓励下，他时有抽泣地向我回放了一次典型创伤事件：平时表现很好的他在学校跟别的小孩打架了，而且明显错在对方，一个月后父亲得知此事，不问青红皂白地把他打了一顿并赶出家门，还说家里不要这样的儿子。晚上，他一个人在街道上冻得瑟瑟发抖，又饿又困，有家又不能归，感觉整个世界都抛弃了他，那种感觉他一辈子都忘不了，而且一想起来就哭得泣不成声。显然，当时他的遭遇远超一个小学生能承受的范围。他妈妈也对他爸爸言听计从，不敢劝，也不敢去找他。就这样，他在外凑合了一夜，第二天爸爸进城了妈妈才把他找回家。他说他考大学最大的动力是想逃离这个家，后来他如愿以偿地去其他城市上了大学。自那次事件之后，他一看到父亲脑海里就闪出那个在大街上饥寒交迫、孤苦伶仃的小男孩。他的潜意识层面认同了父亲对他的评价，学习成绩再好，工作干得再有成绩都觉得自己是个不成器的东西。直到现在，他都不能原谅父亲，只有不得不见面时才会见面，即使见面也彼此交流不多。我说："从你的称呼中已经感受到了，把母亲亲切地称妈，却把父亲就只称作书面语的父亲。"

5. 换框

我引导他用现在的智慧理性地解读当时的创伤事件。我说："事情毕竟已经过去很多年了，而今你也已经长大了，能力和作为已经远远超过你父亲了，你有足够的智慧和资源去坦然地面对他，而他也渐渐变成一个老头了，你再也不用这么害怕和远离他了，不要再像那个无助小孩那样躲着他了，完全可以非常淡定和从容地跟他相处。而且，父亲赶你出门也是因为爱之深，责之切，是怕你学坏才如此严厉的，实质也是爱你的，只不过表达得扭曲了而已。务必要用今天的智慧和格局重新领悟深藏在那份创伤里的爱。父爱是一坛老酒，不到一定年龄是品不出滋味的。"他说："田老师，都这个年龄了，道理都反反复复想过很多遍了，可还是不想见他。前段时间听说他病了，我都买好机票要回去看他，头一天晚上又临时出差了。其实我内心很清楚也可以不出差，就是找个借口不想回去呗。”我说：“一个人跟世界的关系都是与父母关系的投射，你不主动疗愈与父母的关系，你的事业也就到头了，你这样下去很难与人建立高质量信任。而且，这种模式甚至还会影响你与你孩子的连接，我甚至可以断言你跟你儿子也很难建立高质量的连接。一个小时候没有被恰当爱过的人，长大后也不会恰当地爱别人。”他喃喃地说：“你说对了，我有时候都不知道怎么跟儿子相处，不想做我爸那样的父亲，也不知道该怎样做父亲。看来为了儿子，也要与父亲和解。”我说：“送你一句话，如果你错失了做一个好儿孙的机会，那就从自己开始努力和解，争当一个好祖先。把这份扭曲的爱摆顺了，整个家族的能量都顺了，你自己的事业就有再爆发的可能。”

顺便提一下，孩子在成长的过程中，父母对孩子的人设以及孩子对父母的人设要有多次的升级。很多年迈的父母见到五六十岁的孩子还是哄小孩的口气，五六十岁的孩子见到八十多岁的父母就自动还原成孩子的神态。都是亲子双方没有及时更新人设所致。

6. 宣言

在我的帮助下，他编写了一套宣言的话术。

爸爸，感谢你小时候对我的严厉，尽管有时候有些过火，但背后隐藏的望子成龙的爱我还是收到了，我有今天也多亏了你当初的严厉，尽管有些形式我至今仍不以为然，但用这种方式表达的爱和期待我还是收到了。谢谢你。感谢流落街头的9岁时的自己，你（指小时候的自己）受委屈了，感谢你用苦熬的方式度过那一晚，我也能理解你从此以后对权威敬而远之的态度和战战兢兢的反应，谢谢你用这样的反应保护我长大。如今我已经长大了，成为响当当的大人物了，我完全可以更从容、更潇洒地处理与父亲以及看上去有点权威的人士的关系。我不需要再那么局促紧张，我决心从过去的痛苦和无助中走出来，放下伤痛的记忆，用我的方式干自己认为重要的事情。

我建议他在书桌上摆一张父亲的照片，每天早晚对他讲一遍这套话术进行脱敏练习。等负面情绪唤醒不再那么强烈的时候，再回老家与他的父亲面对面聊聊。一定要在父亲有生之年让能量和解，从而实现自我的突破。

练习了半年之后，他才有勇气回到家里直面父亲，尽管场面还难免尴尬，他还是鼓起勇气把这套措辞当面向老爸表达了一下。临走的时候拥抱了一下妈妈，然后看到在一旁的爸爸有点尴尬，就顺便礼貌性地也跟爸爸拥抱了一下。晚上到自己的小家后打电话给父母报平安，他妈妈说：“你走后，你爸哭得跟泪人似的，嘴里不住地说孩子真的长大了。”后来他向我反馈说他跟各类权威人士建立深度信任的能力进步很快，很多人都说他越活越洒脱了。

第七章

心力综述与悟后起修

自从五维心力模型提出以来，我对它的补充完善和升级迭代就没有停止过。每一次心力训练营结营上的总结发言，我都尝试换一个角度或框架试图让学员把握更全面、更深刻的本质。多期迭代下来，增补的内容很多。本章简明扼要地把增补内容的精华部分分享给大家，权作对五维心力的总结。此外，五维心力的综合运用以及通过修行将理念转化成实际的能力，也是本章要探讨的话题。可以说，心力拓展训练营中几乎囊括了修行所需要的全部知识，如何通过长时间的修习将这些知识逐渐转化成能力，从而彻底升级自己的思维和反应模式，让自己以及周边的人能实实在在地感受到你的改变，才是提升心力的最终目的。

五维心力综述

人性是复杂而多面的，所以对人性的探索以及修身的功课也应该是立体多维的。我非常崇尚的八个字是：深度思考，野蛮关联。学习中最大的误区是自己以为自己懂了，其实学习是个永无止境的过程。同样的概念，理解深一点，应用就灵活一点；关联多一点，应用也就广一点。对五力的深化理解和灵活运用永无止境，在全书结尾，很有必要再次阐释五维心力的精髓要义，以便大家深化理解和综合运用。

■ 耐受力：与童年的自己相处的艺术

耐受力恰恰是弗洛伊德当年做心理治疗的直接抓手。治疗师所面对的精神病人都是因为一些外部刺激引发了精神崩溃，内在“狗熊”炸毛。能引发病人进入精神崩溃状态的刺激常常和病人童年遭遇的创伤有某种关联。有些刺激总会引发病人特别强烈的冲突性情感反应，原因是病人在潜意识层面把特定刺激与童年遭遇的创伤模糊匹配起来，其内在立即启动了“战斗—逃跑”的防御反应。荣格把这种隐藏在潜意识层面的童年创伤叫作“情结”。

正常人偶尔发一次飙，而精神病人却很容易进入发飙状态。这是因为我们的身体也有记忆功能，大脑细胞能够记忆，其实身体细胞也有记忆功能。创伤记忆是存在身体中的记忆，身体就像一个可记忆的硬盘。在触发极端情绪时，身体就会分泌激素，比如甲状腺素、肾上腺素、去皮质醇等，这些激素的分泌会改变身体每个细胞的生存环境，细胞为适应不同的内环境会打开不同的基因开关，即体内环境会影响细胞的基因表达。你发一次火，意味着你体内每个细胞的内部生态环境都会发生一次改变，内部生态环境的每一次改变又逼着每一个细胞采取措施来适应。总之，负面情绪会伤害到浑身的每一个细胞。

脑内思维传递的是神经递质，情绪反应靠的是激素分泌，思维和情绪都会影响脑内神经递质的分泌和体内激素的分泌。身体记忆是在先语言、先逻辑阶段就形成了。在两三岁还不会说话的婴童时期，假如你遭受过创伤，该创伤很难形成大脑记忆，根本回忆不起来。但身体硬盘却记住了。身体有了记忆之后，以后遇到类似情境，可能意识还没反应过来，潜意识就先有了反应。肌肉就紧绷了，神经就紧张了。情结被无厘头地激活，身体就进入“战斗—逃跑”状态。那些童年受过虐待的孩子终其一生都紧绷着神经，动辄紧张，他的身体很难进入副交感神经主导的状态，却很容易进入交感神经主导的状态。即便有意识地提醒自己别紧张，或者有意识地压抑紧张反应，别忘了有意识的行为都要额外消耗意志力能量，意志力能量消耗多了，就压抑不住了。所以，**创伤是有库存成本的，不去疗愈它，就得压抑它，压抑就要耗能。**顺便提一句，与炸毛现象对应的还有一种情况叫习得性无助。就是发自内心地接受了自己的无能，遇到意外刺激，干脆就僵住装死，这也是一种防御反应。

提升耐受力最简单的方法是学会跟自己的内在小孩打交道，**不会跟自己的内在小孩相处，也就不会跟自己的孩子相处，更不会跟别人家孩子相处。**要知道内在小孩的四大基本心理诉求：安全感、满足感、效能感和归属感。无论什么刺激引发的内在“狗熊”炸毛，都是由这四种诉求的某一种或多种没有满足所致。如果能探寻出炸毛的原因，当然就可以通过复盘反思提升自己的反应模式。

倘若还想根本地解决问题，那就要直面童年创伤留下的情绪记忆。情绪记忆是在情绪状态下形成的，所以也要在情绪状态下刷新。激活“战斗—逃跑”模式的是情感记忆，而不是理性认知。反过来，要疗愈就必须回到情绪状态下，在理性的干预下重构反应回路。情绪是无意识反应的，当认知脑意识到的时候情绪已经爆发了，身体已经紧张了，甲状腺素、肾上腺素、皮质醇已经分泌了。当你意识到自己愤怒的时候，其实你已经愤怒了好几秒了。有一种说法是身体的反应要比大脑的反应快 6 秒钟。当然这也是我们的祖先长期进化出来的生存法则，有很多紧急情况是不容思考就要做出反应的。伤害足够大才能形成情绪记忆，而情绪记忆的激活靠的是启发式线索的快速模糊匹配。只要隐约感觉像是某种危险在靠近，就快速模糊匹配，启动“战斗—逃跑”模式了。

理解了情绪启动的原理，应对的方法就有了，我将其简单地称之为：有意识地修，无意识地用。想要在关键时刻控制住情绪，不任由“狗熊”炸毛，就要在平时有意识地复盘，甚至在脑海里模拟曾经身处的危机状态，刻意让大脑的应激情绪适当唤醒，再用理性脑辅助觉察，尝试更高版本的方式应对。只有在闲暇的时候持续地修，才能逐渐用新模式替代旧模式，这就是所谓的脱敏练习。弗洛伊德在临床中发现，脱敏练习在非情绪状态下是没有意义和效果的，创伤记忆只能回到当年的创伤状态及创伤情绪下有意识地疗愈。

有的病人在回忆自己早年的创伤时，像说别人的故事一样平静，好像受伤害的根本不是自己。进入不了当年情绪的状态，疗愈就没有效果。为什么呢？可能因为当时遭受的创伤太大，已经发展到习得性无助的程度，案主已经习惯性地人格解离了。人格解离就是在内心深处把受创伤的那个我当成另一个人，不忍也不愿再进入创伤场景。如果病人一直处于人格解离状态，心理治疗便不会有效果。当然，随着病人与治疗师的信任慢慢地增强，病人自己的保护层慢慢褪下，还是可以逐渐进入状态的。

我在复原力中提出的“盘、拷、关、回、换、谈”的方法，在“谈”的环节，要特别提醒读者注意的是：宣言和说辞一定要带着情绪说。比方说，“我原谅你，不是因为你没错，是因为我想放下过去，开启我人生的新篇章，我的人生应该由自己主宰，如果我忘不掉你给我的伤害，它还会持续伤害我并影响我的未来，我原谅你，不是因为你没错，而是因为我要重新开始。”说这段话的时候是要带着情绪和力量，因为这段话实际上是在说给自己的潜意识听，只有带着情绪和力量，才能改写先前的情绪记忆。

无论过去有多么痛苦，都要勇于直面。因为过去的痛苦一直在潜意识层面起着作用，回避解离不是解决问题的办法，甚至交给时间去抹平也不是好办法，时间可以抹平意识的记忆，但潜意识的创伤一直在，而且不知道什么时候就会被触发。我见过很多回避创伤的人，他没有足够的能量，也没有勇气去化解，只好讳疾忌医，大大咧咧地装着没事的样子，实际上潜意识层面的创伤一直在“不思量、自难忘”地起作用。很多人在耐受力这个模块没有感觉，一种可能是童年实在太幸福，确实没什么创伤，另一种可能是解离，没有勇气和力量去直面过去的创伤。如果没有力量直面不堪的过去，就不可能拥有独立的人格，潜意识层面的纠缠会牵扯很多能量，让你无力开创未来。只有敢于直面不堪的过去，才能够在过去的伤痛中疗愈，只有疗愈了才能一身轻地开创美好的未来。

■ 连接力：与人相处的智慧

每个人跟世界的连接都起源于跟自己父母的连接，尤其是早期跟母亲的连接。人和人之间的连接更多凭借感觉而非理性，而感觉就是情感层面的。早期的情感经历是人际关系能力的基础。一个人好不好相处，能不能与人建立信任，主要取决于早年的情感连接经历。

人生下来是非常脆弱的，一切需求都要仰仗照顾自己的父母。在先语言、先逻辑阶段，父母如何满足孩子最基本的心理需求（安全感、满足感、效能感和归属感）决定了孩子的依恋风格。概而言之，父母总能恰到好处地理解和满足孩子的诉求，孩子会发展出安全依恋；父母不理解或忽视孩子的诉求，而孩子也选择压抑和隐藏自己的诉求，就会发展出回避依恋；父母不理解或忽视孩子的诉求，而孩子选择用反抗的方式引起注意，会逐渐发展出矛盾依恋；还有的父母爱恨交加、忽冷忽热，孩子就发展出不稳定的紊乱依恋。依恋模式恰是孩子早期与父母的交互中相互适应的结果，既与父母自己的依恋关系有关，也与孩子的先天禀赋有关。矛盾依恋发展到极端就会形成攻击型人格，见谁都不顺眼，动不动就炸毛。这样的人把生命能量都无谓地消耗在与人较劲上，一生也很难有大的建树了。回避依恋发展到极端就形成被动报复型人格，他们习惯压抑自己真实的冲动，竭力伪装成另一个自己。实在压抑不住、伪装不下去的时候就会产生报复性反弹。

受幼儿期形成的依恋关系和少年期父母对孩子有条件的爱的双重影响，会造成各种各样的不独立人格，如讨好型、指责型、拯救型、加害型、反叛型、牺牲型等。各种不独立表现都会在人际交往中形成能量纠缠，既影响自己的能量运用效率和效能，也妨碍别人的能量运用效率和效能。

我认为在成长中能自然发展出独立人格的人少之又少，大多数人都需要在成年以后有意识地觉察自己的不独立表现，通过刻意练习提升自己的人格独立。假如一个人依赖性极强，就会成为配偶的牵累；假如一个人拯救欲极强，不仅会过度消耗自己，而且会挤压别人的生存空间……配偶关系、亲子关系闹得很僵，多半是由一方不独立或双方都不独立所致。关系中的一方不独立，必然会消耗自己也妨碍别人的独立。**只有彼此高水平的独立，才能完成高质量的协作，成就高质量的关系。**柯维说，成长是从依赖到独立，再从独立到互赖的过程。很多人终其一生都没有迈过从依赖到独立这一关。“自天子以至于庶人，壹是皆以修身为本”，修身的确是一辈子的功课。

把连接力和耐受力结合一下你就会发现，童年创伤也跟父母的不独立有关，有很多人不能谅解他的父母，背后的假设是父母应该是个完人，显然这个假设并不成立。只有在长大后充分接纳父母的不完美、不独立，努力修行使自己更加独立，才能摆脱复杂的亲情能量纠缠，活出独立的自己，并且从自己开始给后辈更加健康的爱。

我曾作为导师参加心力营某小组的社会化学习，赶上一位女士声泪俱下地控诉她重男轻女的父母对她及妹妹的童年伤害。同学们纷纷劝导，有人说父母再不对也是给了你生命的人，有人说尽孝是传统美德等。说三道四的人多了，案主愤怒了，歇斯底里地狂吼：“你不曾遭遇过我的遭遇，有什么资格对我的经历指手画脚？”隔着屏幕都能感受到她的愤怒。会上顿时鸦雀无声，空气都凝固了，几乎所有的眼睛都盯着我，看作为导师的我怎么收场。

我停顿了一下说：“透过你这么激烈的反应，我隐约能感受到你童年的遭遇。同时，看得出你不幸的童年一直在消耗着你的能量，如果你不能从这段经历中走出，不幸的童年引发的次生灾害还将持续。只有和你的不幸童年和解，你才能从痛苦中走出，全力以赴开创未来，只有活出精彩的人生也才对得住童年受苦的你。原谅你的父母，并非他们没错，而是你要告别过去，奔赴未来。再说了，你父母那样对待你也受他们所处的时代和社会环境的限制，父母的父母也重男轻女，他们本身也是受害者。生命一代代地进化，我们今天处在一个好的时代，也要尽量谅解长辈们的局限之处。现在你的父母也老了，传承的接力棒就在你手上。**与其抱怨自己的童年，不如努力修行，从自己开始做一个好祖先，给自己的儿孙一个更好的童年。**”听我说完这一席话，案主含泪点头，陷入沉思。大家一片叫好。

毕竟，能够觉察到自己的不独立并努力往独立方向修的人是少数，更常见的社会关系是不同风格的不独立者在相互纠缠，情况非常复杂。只有真正意识到要在关系中修行的人，才能逐渐摆脱纠缠，活出自己，甚至帮助对方活出自己。尤其父母不独立，替孩子考虑得太多，帮孩子做得太多，反倒都成了扭曲的爱。我说过：“一切过度的爱都是伤害，一切扭曲的爱都是伤害。”爱为什么会被扭曲呢？若爱的一方不独立，他所表达的爱就变了味，如果被爱一方解读不了、消受不了这种变了味的爱，就会感受到真实的伤害。当然，如果孩子能用更高的智慧去理解父母，谅解他们的不独立以及扭曲的表达，把扭曲了的爱再捋顺，就能把曾经的伤害解读成别样的爱，把相互消耗的关系改善为相互滋养的良性关系。

修行的功课就是不断提升独立性。一个独立的人能够帮助更多的人走向独立。如果你足够独立的话，你很容易发现你身边不独立的人，无论是拯救者、依赖者，还是讨好者，你都能以自己内心的独立为准绳发现对方不独立的表现，在交往中帮助对方觉察并刻意提升独立性。

有位学员分享说，在参加心力营之前，她认为连接力是她的强项，她是别人眼中的交际能人。参加完心力营之后，她才觉察到自己最需要提高的恰恰是连接力。她有严重的讨好者倾向，总在自觉不自觉地委屈自己讨好别人，总想让别人说自己好，因此能耗非常大还不自知。越密切的关系，越有可能是彼此不独立造成的深度能量纠缠。真正独立的人，淡定而平静，他们更专注于自己的事业，知道大爱近乎无情，能达到“始而寄慧于憨，终而寄情于恝”的境界。

独立的人能做到像尊重别人一样尊重自己，像尊重自己一样尊重别人，待人接物时能够把握恰到好处的分寸，既不过度热情，也不显得冷漠，既不伤害别人，也不伤害自己。举例来说，我有一个大愿——活着是为了淡定的改变中国教育。有人就问：“只要把你的心力训练营免费开放就会有更多的人参加，不就加速实现你的大愿吗？”这个问题就是在挑战我的独立，因为我还要养家糊口，还有一个团队要生存，如果让我完全免费，我的内在会不平衡。

独立的人既会接纳和尊重自己内在“狗熊”的欲望，也会尊重内在“圣贤”高尚的大愿，还认同内在“凡夫”对得失的计较，让自己内在的各个部分都和谐。与人交往的时候，也就能做到理解和尊重别人的各个部分了。孔子说：“可与言而不与之言，失人；不可与言而与之言，失言。知者不失人亦不失言。”

我的另一个项目：专家型导师班是专门培养老师的，一开始我就提出只有人格健全的人才配当老师。人格健全、学习力强、有专业的影响力是我对好导师贴的三个标签。老师不仅要教书——传授知识技能，更重要的是育人——帮学生塑造健全人格。只会教书而不能育人的老师应该提升心力，提升自己的独立性。

■ 愿力：逐梦的乐趣

简言之，愿力就是精神动力。精神世界的典型特征是抽象的，很多人问：“良心多少钱一斤？”良心是典型的精神世界的存在，不能用物质世界的标准衡量。愿力有未来的、系统的、利他的、超现实的等属性。正是这些看似虚无的精神元素，激励人们战胜现实中的困难，激励人们积极行动，给人们更大的动力和更深层次的快乐。

我更愿意从脑科学的角度探索一下愿力的本质，可持续的行为背后都有一个愉悦回路。比如沉溺于打游戏，是因为你每有一个动作，游戏都会给你一个激励，刺激神经元释放多巴胺，就形成了愉悦回路。大脑是需要多巴胺维持健康和谐的，而不同人释放多巴胺的方式不同。大脑对多巴胺的需求是一样的，但是释放多巴胺方式却是千差万别的。

有的人方式很邪恶，有的人方式却很是高尚。这么理解，愿力的修行目标就清晰了：就是不断地用更加高尚的、利他的愉悦回路替代庸俗的、消极的，甚至邪恶的愉悦回路。什么才是高尚的？你自己内心知道。一个人要活出值得自己尊重、问心无愧的人生其实是一个蛮高的追求。很多人表面上很成功，却很可能在夜深人静的时候，自己都嫌自己庸俗。

每每在事后复盘的时候，可以对自己的所作所为做精神判断，问三个问题：第一，决策是正确的吗？也就是稻盛和夫所说的，作为人，何谓正确？第二，有没有获得跟物质利益无关的成就感？除了物质收获之外，还有什么更特别的意义？第三，自己对自己的所作所为是不是嘉许？

自 2017 年创业以来，我时常能感受到积极淡定、向愿而行的深层次愉悦回路。我对物质的要求并不高，甚至很多人笑话我生活不讲究，但工作起来非常投入。从收入的角度看，我似乎并不需要讲那么多课了，但我自己知道每年还坚持讲一百多天课的深层次原因。因为课堂让我沉浸在高尚的、深层次的愉悦回路之中，我喜欢讲课，更多的是因为我喜欢课堂上的自己。

最后还得提一下：探索并建立更高尚的愉悦回路必须得自己主动找，愿力只能向内探索。社会和组织的激励方式更多是物质的，也难免是庸俗的。我在给总裁班讲课的时候说："很多时候，是我们的机制把员工搞庸俗了，反过来我们又埋怨他们怎么这么庸俗。"向外看，遍地都是庸俗的激励机制，高尚的愉悦回路只能自己挖掘和建立。想要走中庸路线的话，高尚愉悦回路和庸俗愉悦回路之间可以有个比例。做不到圣贤那么处处高尚，也至少不能彻底地庸俗，每个人都是“圣凡合一”的。和光同尘也好，入乡随俗也罢，每个人都可以保持一定比例的庸俗，也要不断尝试建立高尚的、能从中获得深层次快乐的愉悦回路，体味另外的人生况味。然后随着境界的提升，再慢慢调适二者的比例，从凡人过渡到圣人的过程就是不断调整比例的过程。

■ 自控力：活出高质量的自由

我认为人生最让人绝望的事情无非两样。一是自我坍塌，突然有一天发现自己活成了连自己都讨厌的样子，又没有机会从头再来，活成自己理想的样子。第二是关系切断，越来越难与人连接，渐渐把自己活成了孤岛。所以，深度的绝望就是活不成自己理想的样子，以及没有被别人正确地对待。这两大绝望的根源在于自控力不足，没活出自我当然也赢不来尊重。

通俗点说，自控力代表着你的人生有多大部分、多大程度上是自己说了算，有多大部分、多大程度是被外界环境牵着鼻子走。漫长的人生是一天天积累起来的，要想活出理想的自己，每天都要有意识地把意志力和注意力投入到自己想做的重要的事情上来。如果你的能量总被外界环境所支配，被外部关系所纠缠，最终活成什么样子，谁也不知道。

自控力由两个特别重要的指标来衡量。第一个是意识层面的，那就是要真正区分重要的和紧急的事情。重要的事情都是自己发自内心想干的，不重要的事情往往是环境强加给你的。如何让你的精力最大限度地服务于你的人生大目标？这是个严肃的话题。人和人的差距，不是一天两天拉开的，而是由几十年的积累造成的。别人几十年如一日地朝着自己的目标奋斗，而你却得过且过、优哉游哉，几十年下来的积累效应可不得了。凡成功人士都是早立大志，能够持续做到短期行为服从和服务于长期目标，天天都在朝既定目标积累。所谓的成功，无非是心力的长期定投。

第二个是潜意识层面的。意志力能驱动人有意识地工作，用意志力完成某项工作，实际上是有内耗的，努力的本质是用一种能量征服另一种能量。更好的自控力是驱动潜意识自动工作的。我这个人从来都不制订年度计划、月度计划，甚至有时候连日程表都懒得做。但这并不妨碍我成为一个高效能的人，每年年初回首过去的一年，都能发现自己干了很多事。我早年曾经跟一个朋友聊天，他向我展示他的日程安排和工作计划，他的时间几乎以小时为单位，在 Excel 表格上安排得井井有条。我看完之后大加赞赏，但自己很清楚我绝对不会那么干。我不会把自己活成 Excel 表的奴隶。人经常这样，编个笼子把自己装进去，还很得意被自己管理得很有秩序的人生。

我的时间管理靠的是潜意识的自觉行动，我认为**真正重要的事情是忘不了的，忘了的事情也是不怎么重要的事情**。真正的自控力能驱动自己的潜意识持续地向目标迈进。我把重大目标都放到潜意识层面去实现，虽然不会制订特别严格的计划，但是每年的效能都特别高。以 2020 年为例，突如其来的疫情打乱了既定的节奏，那我就在家里写写书，差不多一个半月的时间，我写完两本书，以每天五千到一万字速度进行。为什么这么高效？是因为潜意识一直在酝酿，酝酿好了，坐在电脑前，一句一句就自然流淌出来了。动笔只是个执行过程。有位诗人的诗写得极好，他善于在潜意识层面酝酿，轻易不动笔，动则一气呵成。

靠严密的计划、严格管控的自控力是初级的，反倒把人变成计划的奴隶。打开愿力的人，自控力也差不了。伟大的人物都懂得把他们的人生目标放到潜意识层面去实现。潜意识“不思量、自难忘”地时刻都向既定目标迈进。

■ 复原力：保持稳态的策略

复原力是在复杂多变的环境下保持生理、心理以及精神结构不变的能力。人有三个稳态：生理稳态、心理稳态和精神稳态。生理稳态是指人的各项生理指标都保持正常，身体处在稳态。心理稳态是指心理不失衡，不焦虑、不紧张、不愤怒，情绪稳定，心态平和。精神稳态是指人生有明确精神追求，知道自己离开这个世界时候要留下什么，或者要活成什么样子，不受外界干扰而改变节奏。

复原力就是重回稳态的能力。正念冥想其实是用保持生理稳态的方式，激活副交感神经，从而带动心理进入稳态。心理失衡就没那么简单了，严重的话要看心理医生。心力拓展训练营里的多数知识和技能都是帮助你快速回到心理稳态的，有轻疗愈的效果。当人们遇到紧急情况时，交感神经迅速占主导地位，驱动身体进入“战斗—逃跑”模式。平和的时候是由副交感神经主导的，身心放松，进入一种慢节奏的模式，利于养生。

造成心理失衡，不处在稳态的一个最重要原因是思维。思维经常天马行空，造成思想和身体的不和谐、不同频。正念就是让身体和思维重新调频，让思维聚焦在呼吸上，呼吸宁静了，思想也跟着宁静了。还有一些过往的创伤或者歉疚之类的负面情绪，长期潜伏在潜意识里，动辄就跳到意识里影响心情，跟计算机染了病毒一样影响人的效能。这种长期隐痛的精神病毒就要靠“盘、拷、关、回、换、谈”清理。

我有一个学生在某一段时间表现得很低落，在课堂上总是一副六神无主的样子。我找他聊天，他才说上个月他妈妈去世了，内心一直乱糟糟的，很难恢复平静，稍有情境触发，就悲不自胜。我就跟他说：“你妈妈也不想看到你现在失魂落魄的样子。对父母养育之恩最好的回报是珍惜他们给你的生命，让他们的付出更值得，精彩绽放自己的生命是最佳的报恩方式。你要把妈妈失去的绽放机会，借助你的生命加倍绽放。把生命的能量延续下去，让她身上那些优秀品质传承下去，这才是最好的感恩。”我说完后，他就释然了。愧疚感是一种精神病毒，清理掉，精神、心理就都回归稳态了。

关于复原力，还有两点非常重要。第一，永远不要让自己走出稳态太远，刚刚意识到就要及时干预。等发展到不可收拾的地步再来干预就费劲了。不走太远就复盘，不会有大的后悔。复盘是非常重要的学习习惯。第二，要习惯于用系统框架审视自己的生命，回到宇宙系统里看人生，就会永存敬畏心，回到家族系统里看人生，就多一份使命感和责任感。回归系统是个体恢复元气的重要策略。

系统化理解和运用五维心力

在学习五维心力的时候，我们是逐个展开介绍的。而现实情况是复杂的，每个人表现出来的模式常常是在五维心力长期相互作用下形成的。所以，在运用心力模型的时候要懂得综合分析，组合运用。要善于通过一个人的具体表现，抽丝剥茧地分析其五力的相互作用，了解其人格的成因，对一个人了解越深、越全面，越能够给出具体的修行建议。我在心力营中最大的收获是收集到了很多真实的案例以佐证五维心力模型的有效性。在此，也列举几个综合运用五维心力模型的案例，帮助大家系统地理解和运用五维心力。

■ 家里横的三种可能

学员刘佳雄（化名）反映说他的自控力需要提高。白天在单位跟领导相处时，尚能很好地控制自己，晚上回到家里，很容易跟老婆发火。事后总是很后悔，觉得自己的修为不够。他很好奇，为什么在某些情境、面对某些人时自控力不足？

很多人陷入家里横的模式。如果单从自控力的角度看，在单位温文尔雅，在家里发飙是典型的因意志力耗尽而崩溃的表现。控制自己不去做什么是要消耗意志力的，每个人都要用意志力管控自己的内在“狗熊”。而意志力是稀缺资源，过度消耗后管控系统就崩溃了，所以，上班时要刻意表现或者努力克制自己的人，很容易在上班时间内把意志力耗尽，回家后很容易崩溃。自然态对每个人来讲都是最好的状态，想端着、装着、刻意表现出另外的样子，就要额外消耗心力。

家里横的另一种可能是由自己的人格不独立所致，在外面与人相处时，内在“狗熊”的基本诉求（安全感、满足感、效能感、归属感）没被满足而压抑在潜意识层面。回到家里，面对最亲密的人，内在“狗熊”就借机发作，其目的是寻求家人的关注和安慰。如果家人不能理解你的表现背后的诉求，很容易被你的表现带到情绪状态，陷入情绪纠缠。成年人都要学会跟自己的内在“狗熊”相处，通过主动安抚自己的内在“狗熊”来调整自己的状态，及时清理被压抑在潜意识层面的情绪。最起码要做到：在情绪即将发作之际，能够及时觉察自己的情绪，启动临事省察程序，快速回归理性。

还有一种可能是总在特定的人面前控制不住自己，容易发火。有人就很容易跟高冷范儿的女性权威发生冲突，后来才觉察到他小学时的班主任是个高冷权威的女性，让他吃了不少苦头。此后若干年，只要遇到高冷女权威，他的内在“狗熊”就炸毛了。经常在某人面前容易炸毛，极有可能是该人的某些举动激活了你潜意识里很讨厌的那个人的印象，从而无意识地进入防御状态。这种情况也要理性觉察，刻意修正自己的非理性反应。

同样的外在表现，内在却可能有三种不同的原因。要根据自己表现去查找具体的原因，有针对性地采取措施，提升自己的反应模式。

■ 评职称引发的心力诊断

学员李桥（化名）是某大学的副教授，前不久因为评职称的事情跟领导大闹一场，至今心情还没有完全平复。原来，他是一个专心治学的人，无论是科研成果还是教学评价都非常突出。他想当然地认为，只要自己努力工作，评职称这样的事情领导自然会优先考虑他的。然而，结果却让他非常意外，没评上副教授。他就受不了了，平时温文尔雅的他大闹院长办公室，最后确实凭硬实力当选，却和院长和部分老师闹得很僵，自己也很尴尬和自责。

用五维心力分析，这个现象背后也有多个力在起作用。职称评定的结果激活了他身上的“老实人吃亏”情结。原来他的父母一生都与人为善，与世无争，却常常吃各种亏，他从小就看不惯，甚至觉得父亲活得很窝囊。而评职称的结果激活了他的“老实人吃亏”情结，耐受力崩溃，内在“狗熊”炸毛进入防御模式。

另外，愿力也可能不足。倘若真想做一位科学家，有更高尚的学术梦想，在学术研究上能获得更深层次的乐趣，也可能真不在乎一时的得失。当然，也有自控力不足而导致表现失控问题。几个月还不能平复，说明复原力也有提高的空间。如果认真对该事件复盘，可以找到很多心力的提升点。王阳明说，人须在事上磨。各种遭遇及自己的反应都值得复盘，强者把挫折和批评都看作一种反馈，借助反馈助自己进入反思模式，从而持续迭代自己的反应模式。遭遇挫折，人的本能反应是回避，遭遇批评，人的本能反应是反击。**只有强者能做到逆**

本能修行，让自己越来越强大。只有智者，能顺着人性的需要与人相处，成功地影响他人。心力学习就是要很好地把握本能，做到“逆着修，顺着用”。

频繁尝鲜却难以持之以恒的心力分析

学员陈菁青（化名）说她身上总在重复同样的模式：喜欢开创新局面，干新鲜的事情，接触新鲜的人。每每遇到挑战性的工作就非常兴奋，热情很高，自信满满，而且确实能打开局面。问题是很容易厌倦，刚刚打开一点局面自己就没有新鲜感了，就想换更新鲜的工作来干。三番五次之后，她给单位领导形成的印象是干事三分钟热度，难以持久，难事可上阵，大事靠不住。她自己也感觉很难与领导建立高质量的信任。

任何模式背后都有愉悦回路，找到模式背后的愉悦回路就可以追溯童年，探索模式的成因了。陈菁青背后的模式可以简单归结为三条：其一，总渴望通过干新鲜的事情来寻找成就感，获得他人的关注和认同；其二，喜欢那种跟陌生人打交道的感觉，换一个陌生的环境证明自己的能力，更愿意向陌生人展示自己的优点。第三，难以与人建立持久而深厚的信任关系，潜意识里有远离熟人的倾向。

听完我的分析，陈菁青讲述了她的原生家庭和成长经历：

记得刚上小学的时候，有一回晚餐，爸爸做了几道特别好吃的菜。平时不太会表达情感的我突然想向爸爸表示一下感谢，就鼓足勇气对我爸说：“哇，你做的菜太香啦！”没想到我爸很不耐烦的回了我一句：

“吃你的饭，少耍贫嘴。”我当时受到了很深的伤害，感觉很委屈，感觉没人爱，感觉我的家里没有温暖。强忍着泪水吃完了那顿饭。从那以后，我表达情感的欲望就被深深地压抑，很多话只能放在心里。在家里，感觉跟父母都不亲，父母之间也缺少温情。走向社会，也很难与人连接。身边曾经有过很多谈得来的朋友，但一个可以交心的闺蜜都没有。当好朋友对我特别好的时候，我既不会表达我的感激之情，又觉得没有办法回报她的好意。我发自内心地羡慕别人有闺蜜，很好奇人家之间是怎么相处得这样亲密无间，我咋不会呢。

由于长期在自己家里感受不到幸福，从小我就想离开家。最喜欢爸妈不在家的时刻，或者他俩都在家时我就去别人家，反正就是不愿意跟他俩待在一起。非常喜欢去同学家串门，到别人家感受到的是温暖和放松。经常玩到很晚，不得已才回自己冷漠的家。我本能地逃避我家的这个环境，也期待新的环境，我觉得除了我家之外都是幸福和快乐。到中考的时候，离家愿望特别强烈，就想早点考个中专，远离我的家，去一个很远的大城市读书。后来考上大学，又参加工作，到现在回老家的热情都不高，更像是尽义务。

用五维心力分析陈菁青的模式形成。首先是连接力，不会表达情感的父母也很早就粗暴地扼杀了孩子表达情感的能力，使她很难与人建立深度的连接。语言既是表达思想的工具，更是表达情感的工具，而用语言表达情感是与人建立深度信任的关键能力。陈菁青不具备这个能力，工作中自然很难与领导建立深度信任关系，也本能地渴望接触陌生人。其次是自控力。频繁尝鲜却难以持之以恒把事情做大、做到位是典型的延迟满足能力不足，凡是干大事的人都懂得让短期的好恶服从和服务于更长远的目标。因为小时候缺乏一个安全且有爱的家庭环境，所以延迟满足能力没有得到充分的发展，取得一点小成绩，得到一点小肯定就想见好就收。第三，愿力并没有打开，爱换赛道的人肯定没弄清楚自己此生为何而来，没有找到值得为之倾注一生、赴汤蹈火在所不辞的大目标。假如在每一份从事过的工作中，不断地探寻内在的深层次快乐，找到做事的第二动力源，也许会知止而后有定，固定在某个领域持续发力，延迟满足能力也能在后天锻炼出来。所以，五维心力通常是组合在一起发挥作用的，行为模式是五维心力长期持续相互作用的结果，只有善于分析，综合运用，才能觉察到自己的模式背后的心力结构，对症下药，通过刻意练习持续迭代自己的反应模式。

努力形成“星期五地图”

世界上最远的路是从知到行。我也是在心力修行的路上，尽管五维心力的结构是我提出来的，课程都是我亲授的，但并不代表我讲的我都能做到，我并不觉得在这五个维度中我都比我的学生强。我提出五维心力的框架也仅仅是我把自己的知识和经验做了整合，勉强可以说我早一步悟到了，至于修，我也跟大家一样在路上。虽然你看了很多书，如果不修行，跟没看一样。就像你吃了满汉全席，我光听你说，我的肚子终究不能饱。**知识如果不能指导自己的行为，转化成自己的**

能力，那就只能用来吹牛。还有人虽然开悟了，但是有的习惯还没消除，就像木桶的底还是漏的，得补。

生命不息，迭代不止，修无止境。这本书里几乎涵盖了一生修行所需要的知识，并不是读完书就能毕其功于一役，让你立刻变成另外一个自己。

知识只有转化成能力才有意义。本书所讲的知识，你哪怕能倒背如流，如果不能刻意去修，并不能帮助你完成心智模式和行为模式的升级迭代。每个人尤其要刻意去修自己的短板，有意识地觉察和修炼很长时间才会固化成新的模式。

现代心理学有一个很有说服力的实验。实验对象是那些学习盲文的盲人学生，学盲文要刻意练习触摸那些凹凸不平的小点。盲人刻意练习摸盲文会使食指的大脑反射区变大。

从星期一到星期五，盲人学生每周都练习用食指摸那些凹凸不平的盲文小点。研究者就每天监测其脑内对应的食指反射区变化。发现，从星期一到星期五，食指对应反射区每天都会因为学生的练习而变得大一点。周末休息两天，研究者要求盲人学生们周末不能摸盲文。过完周末之后，星期一再回来检测食指对应的反射区，研究人员发现，上周检测的大脑反射区又缩回去了，变得跟上星期一的大小差不多。难道说一周的刻意练习白练了？他们继续检测，发现从星期一到星期五食指反射区又逐渐变大，周末回去休息两天，新的星期一检测的结果又是缩回去了。研究者把星期一检测的脑图称为星期一地图，星期五检测的结果称为星期五地图。研究人员坚持做这样的检测，最后发现，六个月以后星期一检测的大脑反射区才开始逐渐变大。十个月之后，星期一地图和星期五地图才差不多大。十个月之后，研究者给盲人学生放两个月的假，放假回来后检测他们的脑反射区也没有缩回，说明该技能才真正固化成为自动化反应方式。

这个实验还是蛮让我震撼的。短时间的刻意练习很容易退回原点，坚持六到十个月才能逐渐把星期一地图巩固为星期五地图，此后才能进入一种潜意识自动反应的稳态。这就给悟后起修的理念找到了脑科学的依据，学知识可以短期突击，但是要把知识转化成能力，彻底升级大脑的反应系统，还是要下一番功夫的。我认为，在本书中所觉察到的知识，都值得下一番功夫学习，哪怕一点点的改变都会让你受益终生。

向勤而行之的上士们致敬

我最享受的时刻是每一期心力训练营结束后的线上毕业典礼环节。每期的毕业典礼都会有上百人参加，持续两小时左右。每个学习小组都会派一位学员代表分享其学习感言，还会有一位领教代表发言，接下来是表彰优秀以及我的总结发言。刚开始的时候，我是三心二意地听学员们发言，后来我惊奇地发现自己越听越精神，有一次线上毕业典礼，我一开始是歪在床上听的，后来听兴奋了就坐在写字台前听，后来干脆穿上西装、正襟危坐地听。

双闭环学习与双向赋能

在第九期心力营结营的最后总结中，我讲道，通过各位学员的分享，我隔着屏幕都能感受到发言学员的改变：感受到灵魂被唤醒的雀跃，感受到感动与被感动的力量，感受到能量流动的美妙。每个人的发言对我而说都是教学效果反馈。教学从来都是两方面合作的事情，老师要满怀真诚毫无保留地教，学生还要积极主动地思考和应用，学生的点滴收获都是自己折腾的结果。老子说："上士闻道，勤而行之。"积极践行的学生才更值得被尊重。老师只是给他们语言上的指导和反馈，而学生中的"上士"会用他们的积极践行，用他们实实在在的改变给老师反馈。再高大上的理论都要用实践来检验其真伪。作为学生，如果不能把老师所授的课程付诸实践，不能把知识转化成能力，学习就是无效的。作为老师，如果在你的教学生涯中并没有学生因为你的理论而发生了可喜的改变——提升了生命质量、提高了工作效率，那么，你的教学就不是闭环的，你在教学中得不到深层次的成就感。好的教学，不仅学生要完成从知道到做到的闭环，而且老师要完成从理论教授到验证理论有效性的闭环，所有的教学都应该是双闭环教学。这就解释了我为什么很享受参加毕业典礼，我由衷地感谢这些勤而行之的上士，是他们勇于实践后的真实改变给我赋能。双闭环的教学一定也是双向赋能的。

有位老师曾说："感谢我的学生，从他们身上我学到更多。"我确信这句话没有半点客套的意思，而是老师最深切的感受。在心力拓展训练营上，我另一个最大的收获是看到数千份学生用真实经历书写的打卡作业，让我的脑海里也有了大数据，以至我看人的功力有了很大的提升。五力模型这套洞察人性和提高效能的算法经大量学员的真实经历验证，形成了理论指导实践的闭环。这个非常可贵的闭环有一多半的功劳是勤而行之的上士们贡献的。作为老师，最大的幸福莫过于亲自感受到学生因为自己的教学而发生了质的改变，提高了生命的效能，提升了生命的品质。

奉献越多，收获越大

心力拓展训练营走过十多期之后，我自己的心力也有显著提升。有一位学员向我反馈说："老师，与我 2017 年刚认识你的时候比，你的连接力提升一倍都不止。"我回答说："其实我最强的能力还是读书，读了很多书之后大概明白了与人连接的原理和提升的方法，自己却未必能做到，我的方法就是把各路理论整合开发成课程，用输出倒逼转化，把学生变成同修，在帮助学生悟的同时，我自己也在修。"心力拓展训练营的初衷就是想帮助更多的人活得更加独立自主、优雅自如，提升能量运用的效率。而实际结果却是，我成了最大的受益者。这就印证了心力营的一句话：**系统用索取的方式赠予，个体用奉献的方式获得。**领教们用催作业的方式帮助学员提升，学员越敢于把自己真实的经历奉献出来，越容易得到大家的反馈和能量加持。

不仅如此，心力营的领教老师们也变化极大。有一次我在领教的小群里说："你们现在俨然是心力训练的权威和表率，与初来心力营呆萌的样子形成鲜明对比。为什么你们进步这么快？最重要的一条是担任领教。领教在批改学生作业的时候会不自觉地把学生的境遇与心力理论对标，自己就会潜移默化地提升对心力的理解；一期期跟下来会看到很多鲜活的学员案例，积累久了自然就有了看人的感觉；组织学员们进行社会化学习，就有机会更多地感受不同学员的能量运用方式以及团队中的能量流动。在心力营中，大家都是学生，老师帮学生悟，学生帮老师修。”行动才是学习，知识只是学习前的必要准备。可见，领教们也是用奉献的方式获得。记得有一位资深领教分享他的经验时说了两条：第一，每个人都渴望被看见，被接纳，看见即疗愈，接纳是改变的开始；第二，把自己奉献出去，奉献越多，收获越大。

希望你是能够勤而行之的上士，向你致敬！祝愿本书能够让你的人生从此与众不同！假如你能从此书中受益，也请推荐给你身边的朋友，你就有机会成为他生命中的贵人。最后，感谢所有心力营的同修，本书中的所有案例都由同修们的打卡改编。他们无私奉献的案例让无数读者受到了启发。每一份奉献都需要被看见和尊重。感谢对本书的出版提供各种帮助和支持的同修们。

参考文献

[1] 卡尼曼. 思考，快与慢［M］. 胡晓姣，李爱民，何梦莹，译. 北京：中信出版社，2012.

[2] 维果茨基. 维果茨基全集（第 2 卷）：心理机能的社会起源理论［M］. 龚浩然，王永，译. 合肥：安徽教育出版社，2017.

[3] 穆来纳森，沙菲尔. 稀缺：我们是如何陷入贫穷与忙碌的［M］. 魏薇，龙志勇，译. 杭州：浙江人民出版社，2014.

[4] 西格尔. 第七感：心理、大脑与人际关系的新观念［M］. 黄珏苹，王友富，译. 杭州：浙江人民出版社，2013.

[5] 派克. 少有人走的路：心智成熟的旅程［M］. 于海生，严冬冬，译. 北京：北京联合出版有限公司，2020.

[6] 洛伊德，琼森. 治疗密码［M］. 韩亮，译. 北京：中信出版社，2015.

[7] 马钱特. 自愈力的真相［M］. 胡大一，译. 杭州：浙江人民出版社，2019.

[8] 凯伦. 依恋的形成：母婴关系如何塑造我们一生的情感［M］. 赵晖，译. 北京：中国轻工业出版社，2017.

[9] 威廉. 心理治疗中的依恋：从养育到治愈，从理论到实践［M］. 巴彤，李斌彬，施以德，等译. 北京：中国轻工业出版社，2014.

[10] 西奥迪尼. 先发影响力［M］. 间佳，译. 北京：北京联合出版有限公司，2017.

[11] 洪明基. 改变的力量：六力理论助你成功［M］. 北京：中国青年出版社，2019.

[12] 李开复，范海涛. 世界因你不同：李开复自传［M］. 北京：中信出版社，2015.

[13] 麦吉沃恩. 精要主义：如何应对拥挤不堪的工作与生活［M］. 邵信芳，译. 杭州：浙江人民出版社，2016.

[14] 沙哈尔. 幸福的方法［M］. 汪冰，刘骏杰，倪子君，译. 北京：中信出版社，2022.

[15] 科特，科恩. 变革之心［M］. 刘祥亚，译. 北京：机械工业出版社，2021.

[16] 道伊奇. 重塑大脑重塑人生［M］. 洪兰，译. 北京：机械工业出版社，2021.

[17] 王阳明，邓艾民. 传习录注疏［M］. 上海：上海古籍出版社，2015.